生活总有
可取之处

辰暖 —— 著

内 容 提 要

生活有千百种可能,总有一种是你想要的。本书从孤独、成长、梦想、情感等多个方面来解读生活,生动地展现了那些不易被人觉察,却真实存在、令人向往的小美好,以期让生活不如意的人恢复对美好事物的好奇与感知,活出全新的自我。

图书在版编目(CIP)数据

生活总有可取之处 / 辰暖著. -- 北京:中国水利水电出版社,2020.10(2021.1 重印)
ISBN 978-7-5170-8811-0

Ⅰ. ①生… Ⅱ. ①辰… Ⅲ. ①成功心理-通俗读物 Ⅳ. ① B848.4-49

中国版本图书馆CIP数据核字(2020)第160802号

书　　名	生活总有可取之处 SHENGHUO ZONGYOU KEQUZHICHU
作　　者	辰暖 著
出版发行	中国水利水电出版社 (北京市海淀区玉渊潭南路1号D座　100038) 网址:www.waterpub.com.cn E-mail: sales@waterpub.com.cn 电话:(010)68367658(营销中心)
经　　售	北京科水图书销售中心(零售) 电话:(010)88383994、63202643、68545874 全国各地新华书店和相关出版物销售网点
排　　版	北京水利万物传媒有限公司
印　　刷	北京市十月印刷有限公司
规　　格	146mm×210mm　32开本　8印张　186千字
版　　次	2020年10月第1版　2021年1月第2次印刷
定　　价	49.80元

凡购买我社图书,如有缺页、倒页、脱页的,本社发行部负责调换
版权所有·侵权必究

一个女孩

一个美好的女孩

她必须亲自去人间翻山越岭

才得以遇见更好的自己

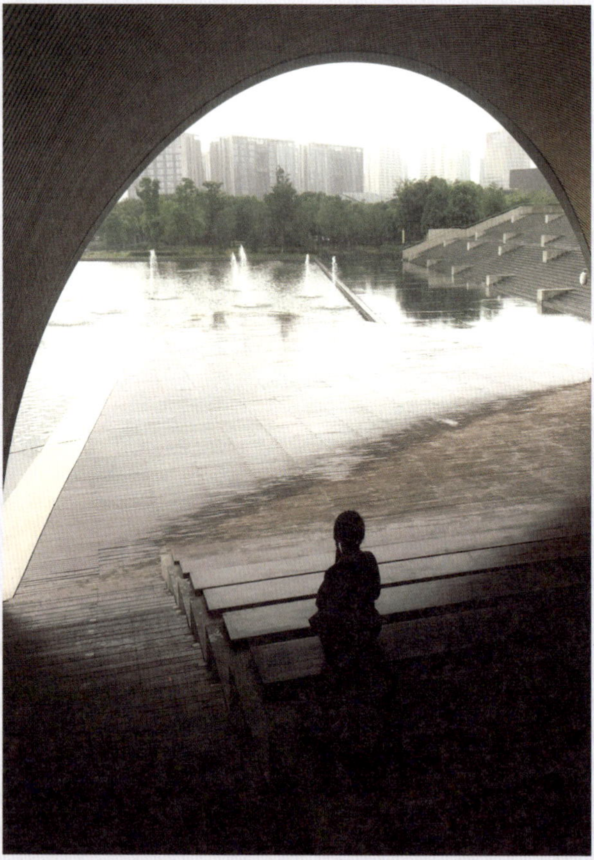

自 序
preface

/
/

绿皮火车里,播放着不知名的歌,窗外的风景闪过车窗,借着暮色借着光,多了些文艺气息。将这些在不同心绪下书写的文字拾掇起来,仔细梳理后交付出去。伴随着片段回忆,在过往发生的刹那,落笔成文。没有章法,没有技巧,一切都自然而然地发生,自然而然地被记录着。

这些被记录的时刻,或伴随着喜悦,或伴随着悲恸,缓慢地组成生活的一部分。是独自起舞的孤独质数,如鲠在喉般求而不得;亦是在花间的光阴迷离,如云端的星辰闪烁。

我把这些经历杂糅进文字,敲下这心酸的柔软,试图用一种风格归类,却发现无类可归。它们像是顺着心流漂泊至此无家可归的孩子,神情里看似哭不出的浪漫,悄悄地兜住生活所有的难。

那些想要放弃好好生活的时刻,一个人站在广场,仰望天空,周围的建筑围成一个圆,给人以圆满。乌云散去时,日月光辉落在每一位行人身上，肩并肩，或手挽手。看不出谁曾放弃过，谁曾朝圣过。这参差人生，虽说实苦，又总有可取之处。

生活与这些文字的交织，前后约跨越了四年。四年里，生活发生了很多变化，得到过，失去过，热闹过，颓败过；而这些文字自始至终都那么冷静、疏离。比起生活本身，它更像是局外人，以安静而自持的视角阅览这一切，不急于表达什么，也不急于解释什么。它这样冷清、不言语的性格，与喧嚣的时代多少有些格格不入。

曾有人劝我，文字要顺应时代，有它的价值输出，这样才能出挑。我想了想，还是决定成全它原本的模样，不忸怩，不造作。所以，在这本书里，没有所谓的人生哲理，也没有人云亦云的故事拼接，一切都是生活的朴素所在，念起念落间，尽它所能地守静、傍美、抱拙。

辰暖
2020年7月于上海

目 录
contents

Part 1
守静，抱拙，傍美

2　　世事尽可原谅

6　　假如温暖是种理想

14　　万物生长

18　　山不知木，云忘青天

22　　忽然之间

25　　守静，抱拙，傍美

29　　自心深处

32　　天要下雨的时候

38　　诚诚恳恳地生活就很好

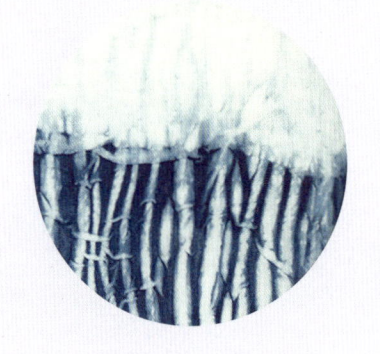

Part 2
借这平凡一生，度你喜乐而安

44　　谋爱谋生的路上

48　　时间带走一切

51　　过去，真好

56　　信爱成瘾

59　　喜乐而安

64　　不能承受之轻

68　　暧昧、喜欢、爱

70　　人生海海，念而无念

74　　忧伤的时候，去花室

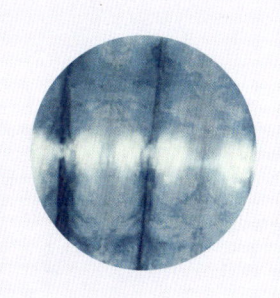

Part 3

路过人间，俯首称臣

80	空里浮花梦里生
92	习花有感，如花在野
103	一日细碎
108	随无常而来的
112	路过人间，俯首称臣
115	我后来的朋友
121	这纷纷扬扬的世间
123	疫情之下的一些思考
128	雨中行走，自伞自渡

Part 4

烟火里欢喜,世俗里天真

134　尘世烟火

140　孤注一掷,笑着成全

144　一个人和她的房间

154　少女与瓦尔登湖

163　给理想一点留白

167　是日清欢

170　流年浅白

173　上升的,下落的

176　允许好的不好的一起往前走

Part 5
星河滚烫，你是人间理想

182	孤独时去染布
186	冷静、自持、疏离
190	岁月荒凉，慈悲御寒
195	温暖如初
197	为自己生长，即使无人看见
200	在花间，度人度己
202	信它善良、朴素与慈悲
205	星河滚烫，人间理想
209	成阵的热闹与悲欢

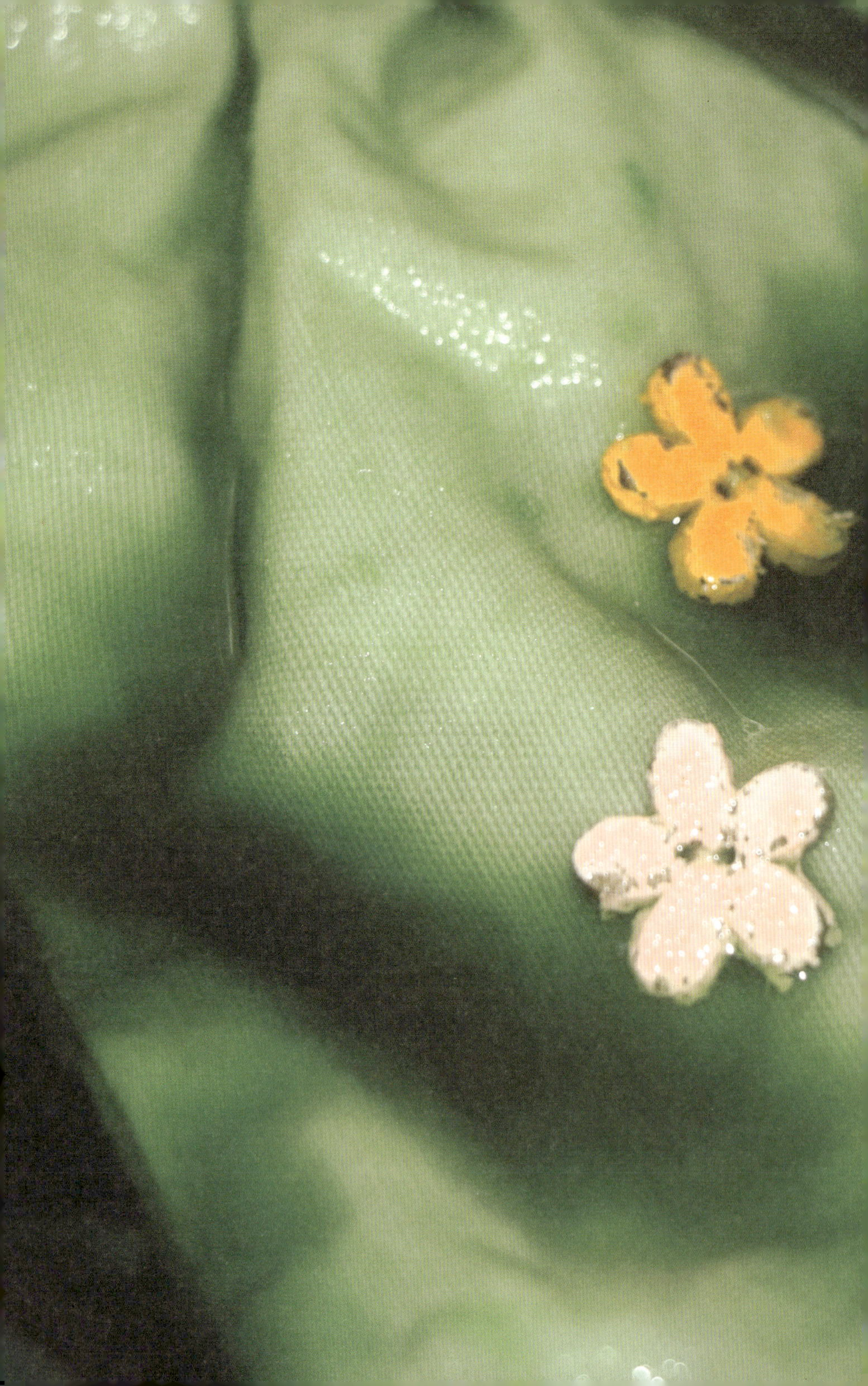

Part 1
守静，抱拙，傍美

世 事 尽 可 原 谅

天气不错，我下床走到窗前。阳光穿过树叶，编织成好看的绿，和着风吹向室内。吹来似水流年，吹来如梭光阴。这光阴流逝的，都是生命不可承受之轻。

我问朋友："世界不过身外之物，每个人离开时什么也带不走，为何还要如此辛苦地走上一遭？"

朋友回："人生本就是苦的。"

也许，如他所述。

年幼时，父母是避风港，为我们避风遮雨；再大一点，恋人是保护伞，为我们排忧解难。有关世界的辛苦，他们统统帮我们挡在了门外，所有见闻都是美好的。关于人生的酸甜苦辣，我们并不知晓；而当我们长大成人，凡事亲力亲为时，方觉道路漫长。

早上，带上笔记本电脑走出房间，和煦的风拂过脸庞。

有阳光的日子,真好。

在静安寺咖啡馆的露天阳台,坐至天黑,用完笔记本电脑的最后一格电,结束一天。

回去的路上,灯火辉煌,突然念起故乡来。

但,自踏出家门去远方的那一刻,一切就都回不去了。

我向往的那些岁月静好,待帷幕落下时,空无一人;那从未设想过的生活,生猛地袭来。

每当生活汹涌而至时,一些有关生命的破碎画面总是不经意跃入,烙印似的挥之不去。比如:

一个病婴对世界最后的张望;

一对恋人分手时的拥抱;

一些即将散落天涯、再无交集的朋友;

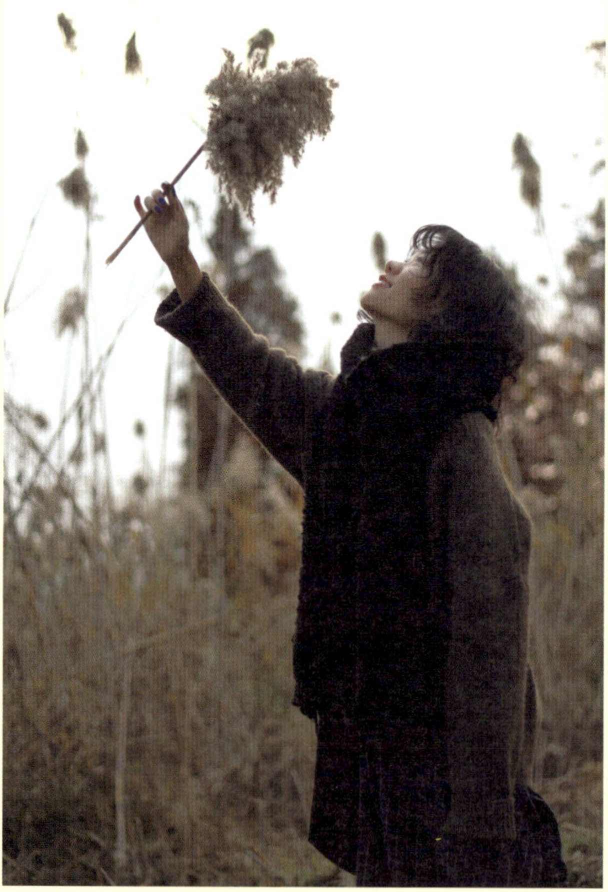

以及那些认真承诺过但并没有兑现过的誓言；

它们就这样从我的生命里消失，杳无音讯。

夜深人静时，我偶尔会想起他们，想起落日余晖下的白衣少年，还有操场上飞奔而去的青春。那时的我们，有一张不曾被生活弄哭过的好看的笑脸，永远天真，永远热泪盈眶。

而后来所有的成长，几乎都伴随着如鲠在喉的悲恸，直至心底升起一些悲凉。

我们原谅了人性的凉薄，也原谅了自己的不够勇敢。

假 如 温 暖 是 种 理 想

这是新年时写给自己的第一篇文章,改了很多遍。我试图用清丽或是疏离的文字,呈现它的朴素模样。只是时过境迁,我终究描摹不出命名它时的具体心境。

此刻我坐在去往北方的列车上,沿途大片大片的枯萎一掠而过。天空灰白灰白的,仿佛回到了某年的北京,和很多人擦肩而过,和很多人素昧平生。而我,终于有勇气写完它。

暖

熟悉的朋友知道,"暖"是我给自己取的一个"字",源于一段经历。关于这段经历并不打算在此刻提起,只是隐约记得那年春天发生了很多事,很多超出那个年龄的我所能承受的事。因着那些事的发生,我从沉睡的生活状态里缓慢觉醒。觉醒并不总是喜悦的,

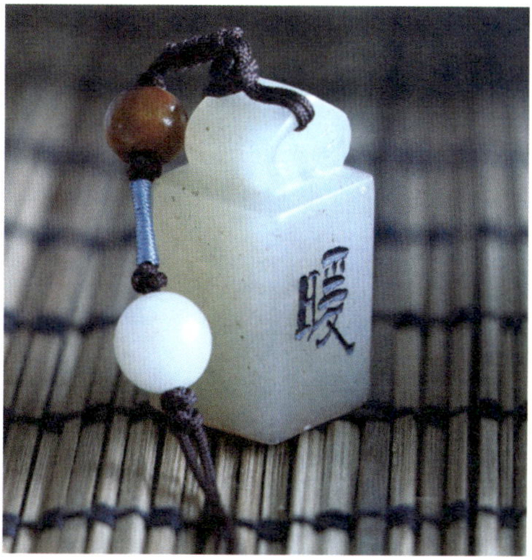
暖

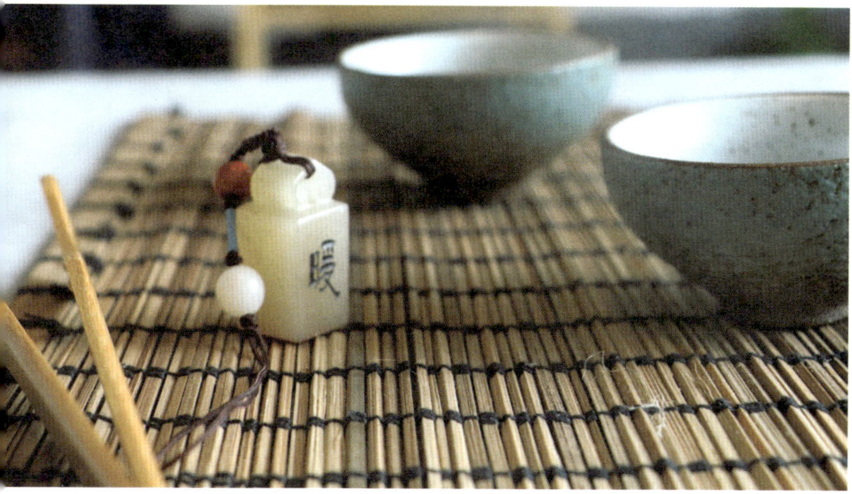
暖

它伴随着绵延的疼和强烈的心理冲突。我在那些自我冲突里患上了轻度抑郁症。

那是一段情绪会随时崩溃的日子，在地铁里，在人潮中，在每一个春暖花开的早晨。曾经那些使我兴奋的、愉悦的事物，在当时的我看来，都失去意义。许是因为这样长期的自我克制与压抑，身体出了状况，被推上了手术台。那是一种常见的疾病，并不严重，多是内心积郁而成。可当时的自己却敏感至极，拿到诊断书的片刻，像得了绝症一样坐在医院的门口号啕大哭。那是我生平第一次不再逞强，不再努力掩饰无助；也是成长过程中眼泪最为泛滥的日子，脆弱、敏感、焦虑。

这种情绪延续了很久，春寒料峭的感觉时常在体内产生。

七月二日，大夫将麻药注入我的体内，被部分麻醉的我躺在手术台，眼泪顺着眼角一颗一颗往下落。关于好好活着，我突然失去信心。

术后，我在医院住了些日子，听闻很多悲

伤的故事。有些人来时还好好的，但转瞬就不见了。关于生命的脆弱性，没有任何一个地方比那里展现得更为淋漓尽致。比起向死而生的他们，我那微不足道的命运布施算不得什么。

出院后，一个傍晚，我坐在阳台，天空燃起好看的云，投一束光，落在身上，带一点余温，不热，但暖。那是那年盛夏我第一次感受到温暖的力量，它给人重生的勇气。从此，"暖"便成为我的一个"字"。我希望它能一半予己，一半予人。

伴暖

如果"暖"是我赋予自己人生的主题，那么，我期待"伴暖"是一种不死的理想主义。具体是一种什么样的理想主义，我并不清楚。也许是一束光，一缕薄雾，一抹风月，一种暮色向晚；也许是平行世界未曾谋面的你我，得以慰藉心灵的虚无存在，看不见，摸不着。

如果说，北京让我的心智得以缓慢地觉醒，那么上海则给了我素淡的世故和明白的愚。

在成长这件事上，比起同龄人，我总是缓慢得多，缓慢地进入感情，缓慢地理解社会，缓慢地成为自己。可能是早年父母给予的安全感太过丰盈，也可能是朋友的庇护从未缺席。总之，有关生活的一切，我从未想过它会糟糕，所以才在原本该成长的年纪，赖着

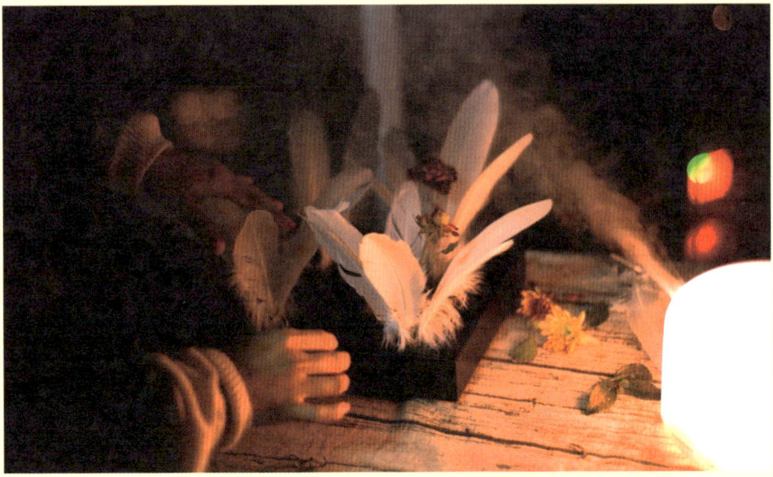
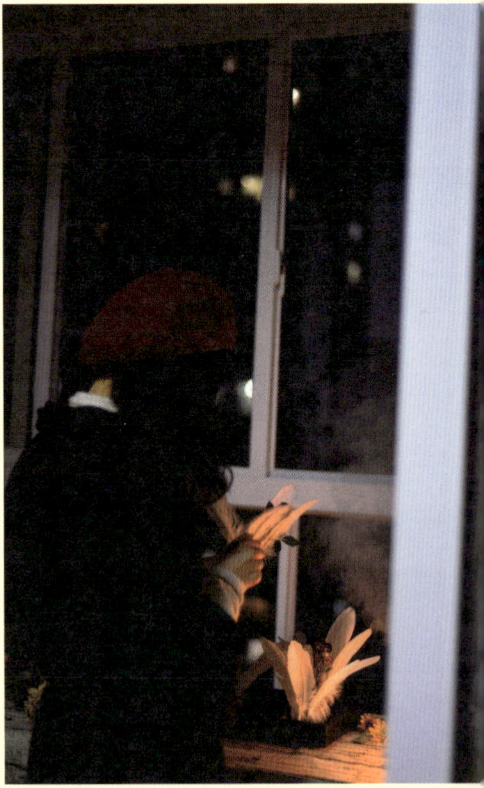
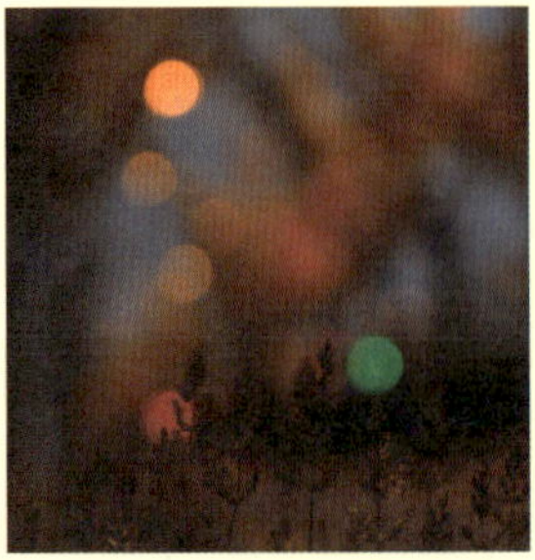

青春不散。确切地说，即便是此刻，在某些领域，我也总试图维护它原本木讷、笨拙的模样，打心底里并不想成为什么都会、什么都懂的大人。

可是没有人可以永远天真，除非他背后有持之以恒的盛宠。所以后来我总是羡慕那些笨拙至极的小女生。那意味着她们还未被生活打败过。

总之，岁月静好的日子突然就不见了，一切都需亲力亲为时，恍然觉得自己与世界那么的格格不入。

我带着这些或是与生俱来的格格不入，试图在上海这座城市找到归宿，却发现走一步，错一步。在那步步是错的生活里，没有人告诉我生活的答案。

就这样囿于格子间很久，久到快没有伸手去摘星辰的勇气。也曾试图给自己一些平常的欢愉，像他人一样，融入自己不熟悉的圈子，寻求一种心理上的支持；但我发现，对生性寡淡的人来说，从众并不容易。

就这样轻描淡写地生活着，日复一日，直至遇见那个使我恍然大悟的引路人；或者说，不是他使我恍然大悟，而是恰好在那个节点，我想明白了一些事。大抵是那时候起，我开始思考生活之于自己的其他可能。

仔细想来，这发生在自己身上的一切困厄，都值得感恩。感恩它们赋予我年轻的忧伤和过路的温暖。如果不是这些遇见，我想，我尚且无知且浅薄着。

伴暖主义

许是这些具有悲观主义色彩的人生铺陈，我开始渴望构建现实世界的乌托邦。我希望，生而为人的困顿能在那里找到解药，不管是在水一方，还是咫尺天涯，都能各得其乐。

因着这样一份模糊的念想，2016年7月，我终于找到治愈自己的解药。那个下午，我穿了件棉麻材质的衣服，去一家花室上课。那是一家看起来有点古朴的花室，隐匿于小巷深处，周围是大片大片的绿，夹带一点零星的黄，低调而内敛。

怀揣着夏日午后的焦灼和对未来的困惑、迷茫，走进去，扑面而来的是万物静默如谜。花室不大，摆设着一些古朴的桌椅，几位娴静的姑娘在侍弄好看的花草，疏懒而寡淡，只是远远看着就很迷人。不争，也有自己的一隅。

我像她们一样，挑来喜欢的花材和器皿，在枝蔓间修葺。那是一种具有治愈力的静美。当我触摸到它们时，那源于生活的困惑全都得到妥善安放。比起尘世的喧嚣、名利场的往来，不善交际的我似乎更适合素手浣花、草木染心。

大抵从那时起，我开始试着理解与接纳不完美的自己，接纳自己身上的格格不入，以及时常使自己陷入两难的理想主义；也大抵是那时起，所有过往都真的成了过往，以爱之名曲终人散，生活逐渐去伪存真，我也逐渐欢喜起来。

关于那些爱而不能，抑或求而不得，渐渐地在这些虚无的存在里找到了寄托。如果说文字是我表达情绪的出口，那么这些源于生活的无用之美，则给了我探索自我的可能。

所以，此时，我把这些治愈过自己的欢喜记录下来。如果你恰好路过，希望它能温暖到你。关于感情，关于未来，一个尚在经历生活的我，并不打算说些什么。只是觉得，人生是一场经历，苦厄会有，得失会有，置于其中以善报善就好。

万 物 生 长

舍离

从事文字工作这些年，从未想过放弃，然而，在坚持的路上，却不断失去。起初，以为这失去是外因所致，而深究下去，却是内心的一段段缺失，或是出于爱，或是出于习惯。

都说人生是一场经历，所有失去的都可以放弃。回头看，每段失去都该有它的合理性，不能随便归因，它是提醒我们成为更好的自己的途径之一。但很多遮障，使人双眼蒙蔽，自以为通透明白，对一段段失去豁达不已。

豁达并不总是褒义，它有时是隐藏着的自我麻痹，对现实的视而不见，对情感的逃离，对承担的畏惧。如文字里的悲凉，是克制，是挣扎，是心灰意冷时的断舍。

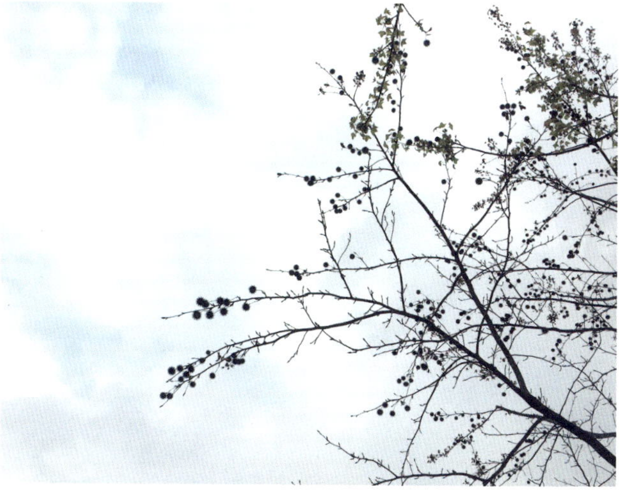

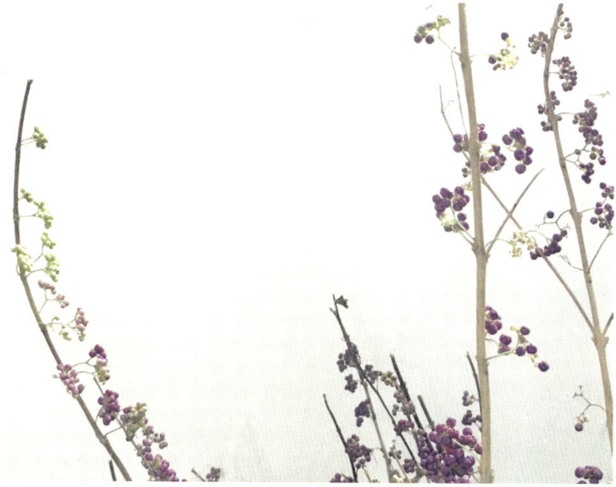

苏醒

　　坚持一件事，十年如一日，无论是说给自己，还是说给他人，都觉足够动人。好像支撑梦想的信念，妙不可言。然而，有时结果并不总是尽如人意。静下来思考，极有可能只是感动了自己。

　　我们是否对自己足够坦诚，在欲望的鸿沟里混淆了理想的真正含义；或者，明明是过分的偏执，却误以为是正确的坚持。在一次次的剑走偏锋里，误会了最初的自己。

　　喜欢在万物生长的景象前，任情绪下沉、悲恸或喜悦。

　　如万物复苏的精彩，黄绿的，甜；粉橙的，糯；蓝白的，雅；晕染的，温暖或清凉。

重生

春意，姗姗来迟；桃红柳绿，甚是好看。过往的一切灰色，全都落了尘土，在春色的洗礼中，更新了记忆，续写了新的篇章。

这大概是一场源自经历的救赎，低至最低处，重新认识自己，忘却曾经辉煌过，忘却曾经幸福过，忘却曾经拥有过，在灰色记忆里冷却、重燃。

断舍的疼，失去的挫败，不能准确认知自我的缺憾，都在一场场花事里得到治愈。如春日里的万物，风雨之后，还有最初的清澈。

山不知木，云忘青天

人生实苦

放假了，很多人纵情享乐，他们丰富多彩的生活让我觉得自己似乎不是二十几岁。与他们不同，我正紧锣密鼓地筹备着人生中的一些重大决定，从清晨第一缕阳光到暮色最后一抹余晖，脑海里萦绕着的都是如何抉择。

偶尔走出门，看见外面色彩斑斓，心情异常美好。真希望有一天自己又回到十八岁，轻盈而自在。小时候，总盼望长大，以为长大了就可以无所不能；而当我真的长大，明白人生的意义与责任时，那种轻盈感渐渐消失了。我看见的多数人都在为生活疲于奔命，鲜有一张毫无压力的脸。

都说人生实苦，尤其是有理想的人，不能像其他人一样放纵自己，也不能沉迷爱情。那些年轻的喜乐，要暂时搁浅。

我偶尔羡慕那些为吃一点好吃的，买一件新衣就开心的女生，那容易满足的快乐到底是令人羡慕的；而成长的过程中会逐渐遗失这种简单的快乐。

一己之欢

那日去"爱玲书吧"看书，拐弯处，看见三位外国人在演奏，阳光照在他们身上，熠熠生辉。也许，这就是生命的意义吧，辛苦但也美好，每个人都用自己的方式努力地生活着，与此同时，还给他人带去憧憬。

我用相机定格下他们演奏的瞬间，心里生出一片柔软。

"如果人生只有短短一程，要用来做什么呢？"

我想了想，大抵是活成自己喜欢的样子。

那些曾经用整个青春去追逐的事，突然就变得不重要了。

人仅此一生，也许颠沛流离，无枝可依；也许落地生根，花枝满丫。

莫名相信，自己会是后者。

我从来不认为努力的人会过不好一生，只不过每个人对"好"的定义不同而已。也许在有些人看来，所谓的过好一生是指在合适的年龄婚嫁，相夫教子；或是功成名就，名利双收。我想了想，这两种都不是。

人总要为一己之私埋单，并自我实现点什么，感情也好，梦想也好，而不只是一隅庇护，或一处安身立命之所。

落日与云

也许有一天，我可以像他们一样步履轻盈，没有任何负荷地行走在这里，带上父母、孩子、伴侣，坐在路边的石凳上讲我年轻时如何天马行空过。我会告诉他们："每当觉得人生不易的时候，我就坐在路边看天上的云，看着看着就真的飘来一片云。"

一直觉得命运对自己算是眷顾，遇见的人对自己算是呵护备至，有十多年还陪在身边的闺密，有行走在路上帮衬过自己的好人。当然，偶尔的，也会遇见一些不那么美好的事，但很快就会忘记。

　　我始终相信世间的温暖多过薄凉，所以也总有不经意就会遇见的好运气。这些莫名而至的好运气，陪伴左右，成为我旅途中踽踽独行的力量。

　　醒来时，风起了，将窗外的繁花吹进屋里，落一片在阳台，甚是好看。

忽 然 之 间

忽然之间,十年过去了,很多记忆依稀停留在昨日,恍如大梦一场,醒来时,一切都变了。隔壁的阿婆突然不见了,儿时的玩伴有了妻女,说好要一起走红毯的闺密已为人妇。

很多人都在青春散场时,找到了属于自己的位置。从此,嫁纱披身,红尘相伴,热闹而滚烫地过完一生。

不知该如何理解这倏忽而过的十年,只是深切地体会到还未来得及好好成长,岁月就将我们推向人生的另一阶段。青春里的执念一场,在时间的齿轮中,慢慢被消散。

忽然之间,又过完一个冬天,只是不再像往常般觉得寒冷。不会再为好看而少穿一点,也不会再为寒冷而需要一点陪伴。过了多年冬天的人,终于学会自我取暖。

在春天即将到来之际,听闻几段故事,有人结婚了,有人分手了。听闻这些故事后，内心时常涌起阵阵悲凉。悲凉的不是那些分离和圆满，而是对这一切也曾热烈而真挚的信仰过。当信仰未能如愿，便渐渐起了悲凉。

所以，心有悲凉的人，内心曾经一定绽放过繁花吧，否则，怎会体恤那得未曾有的遗憾？

前几日读庆山（安妮宝贝）的文字，她说圆满不是我们以为的那种方式。想来也确是如此。人世间，并无多少真正的得偿所愿。得到的，失去的，遗忘的，哪怕是圆满的，统统都有各自的遗憾。

曾以为，自己一路正确，并无遗憾，而今想来，不是没有遗憾，而是当时年幼，不懂何为遗憾，不懂那些难能可贵的相遇并不容易。

所以才在一个又一个忽然之间云淡风轻地一笑而过。

而今这一笑而过依然容易做到，云淡风轻终究是落了尘土。尘土里有烟火升起，故事里的人事早已模糊不清。犹如后来的我们，只剩后来，没有我们。偶尔想起，也只是想起，毕竟没有什么值得永垂不朽，就像一场大雨淋漓下的青春，哭过、笑过、疼痛过，太阳升起时，又会有新的故事发生。

所以，后来的后来，我们在一个忽然之间，变得健忘、愚钝、迟缓，即便是故人重逢，也只是道一声"好好珍重"。

守静，抱拙，傍美

深夜在黎明醒来时拂尘而去。

风吹落了叶子，又是一季。

我开始幻想今年的冬天会是什么景象，是冷，还是静。

"冷"和"静"像被附着了物质的名词属性，有了即视感，幻化成几何图形，是落满尘间的白雪皑皑，是"枯藤老树昏鸦"的荒凉。

无所事事的时候，习惯将自己投进烟火，没有言语，没有符号，一切都寂静无声。生活像插播了广告，时间开始断层。

陈绮贞的歌曲《家》乱入耳内，令人想起十八岁。那时，你总爱扎长长的马尾，站在窗前幻想未来，鲜衣怒马、信爱成瘾。可倏忽，你已是大人模样。

初到异乡，一切都试探地熟悉着。二三朋友，一对发小，满足了我对这座城市的情感寄托。偶尔找他们聚一聚，大多数时候都是

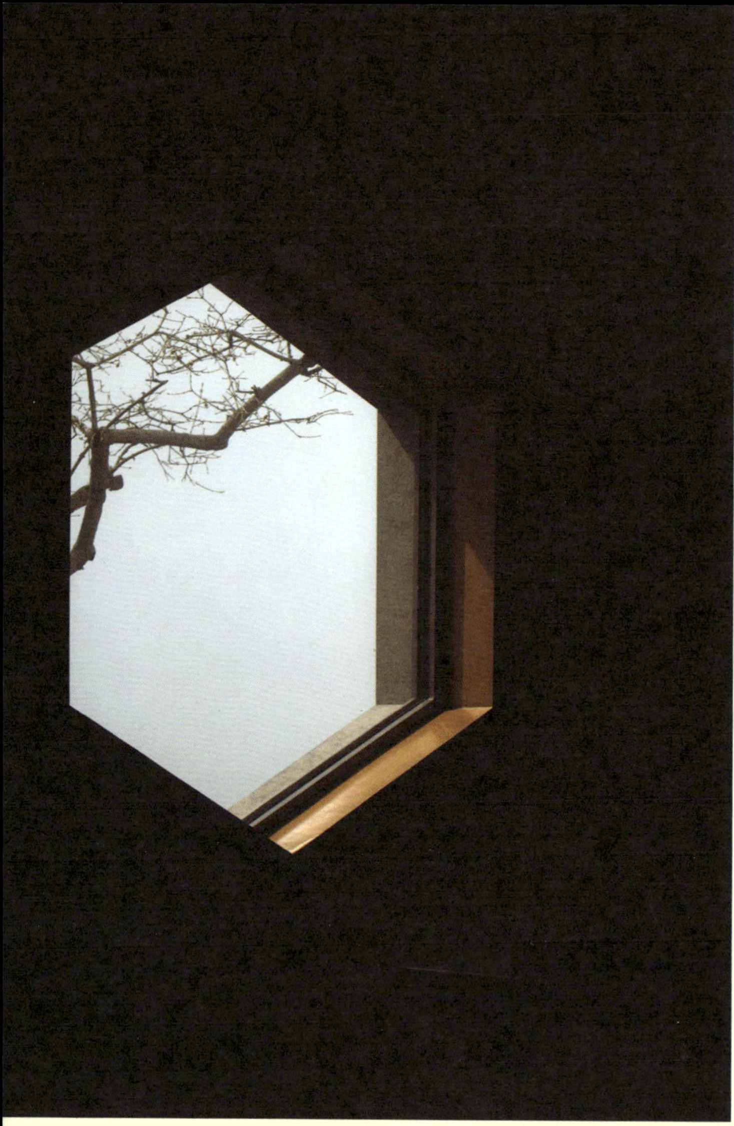

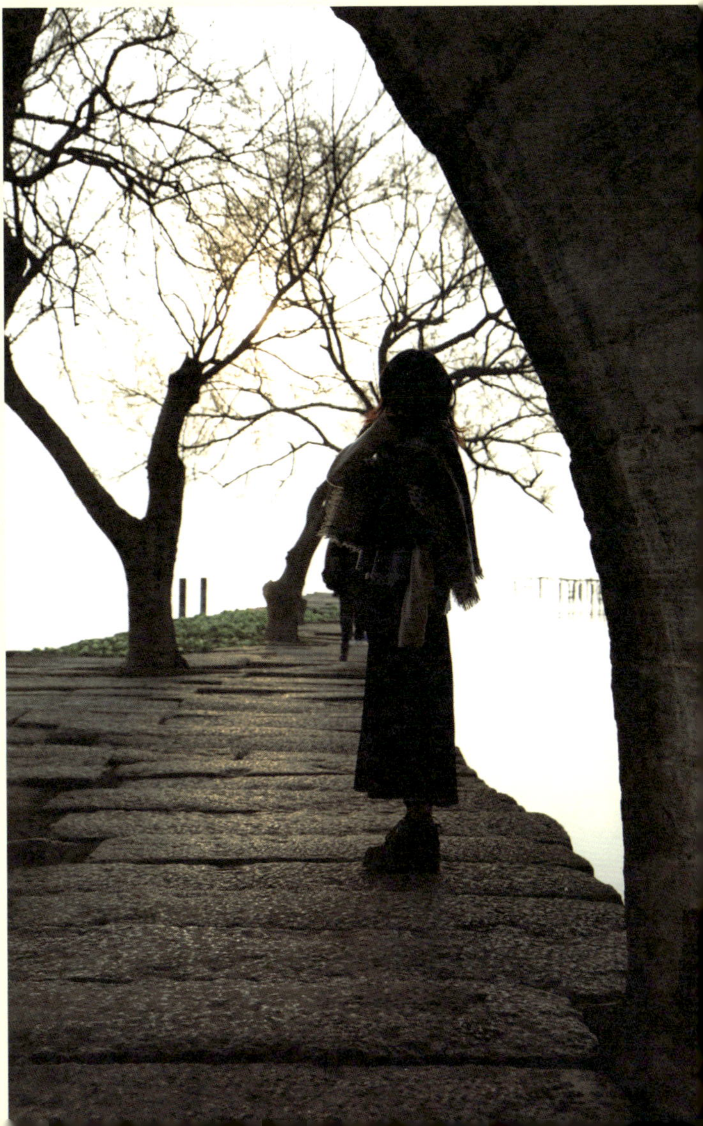

一个人，像在北京一样。

我猜想这里会有不同于北京的故事发生，缓慢的、温和的，甚至没有情节的。然而，事实证明的确如此，像电影里才有的闹剧，真实地发生在生活里。奇怪的是，我竟接纳了它们的发生。

这些真切的发生使人明白：只要时过境迁，一切就都会变的，爱情如此，友情亦如此。

那些曾唯你至上的人各自有了新生活。你无法在深夜失眠时和他们"煲电话粥"，也无法在街头踟蹰不前时一个电话就能捕捉到他们的身影，更无法再任性得像个孩子。

偌大的上海，有很多你熟识的人，南京路上璀璨的光里竟搜寻不到他们。回忆就这样鲜活在了过往里。那一起唱过的朴树的歌，一起看过的月光，一起划过的船桨，都成了岁月的记忆。

坐在桌前，没有言语，所有故事在电脑里意兴阑珊。裙摆上的夏天带着忧伤的秘密进入尾声，成为她鲜为人知的过去。

自 心 深 处

近来很少写字，对文字的敬畏之心疏离到尘埃里，似乎遇见的人越多，接触的事越多，越明白言辞达意并不容易。那些浮于表面的快乐，风吹过，什么也不曾留下。

夜上海的露天吧台，酒会上的觥筹交错，白日里的谈笑风生，将棉麻布衣下的你裹挟至浮世绘。那为一根彩虹糖快乐很久的纯真渐行渐远。

似乎从北上那一刻起，命运早就安排好一切。遇见谁，离开谁，失去什么，得到什么，冥冥之中自有注定。那些一张张在脑海里回旋的面孔，全是生命额外的馈赠，它让你对世界的认知越发通透。

那年少时困惑的、纠结的、站在道德制高点去评判的一切，证明了自己的无知，也证明了曾经年少过。

那操场上的白衣少年、格子间的大头贴、心有余悸的牵手，因

为一次分手就难过半个青春的我们，统统留存在了回忆里，美好而静谧。

然而，有一天，当你走向社会，社会的游戏规则打碎了这一切。那幻想里的岁月静好，统统成了空中楼阁，命运将你从不谙世事的少女变成一副大人模样。高跟鞋、职业装和那转身背后哭花过妆的笑脸，成了人生标配。甚至有那么一些时刻，满心怀疑，怀疑自己不能被好好对待，怀疑自己不能实现人生价值，怀疑自己会放弃自己。这样的怀疑充斥着整个青春。

而当青春逝去，我站到人生的十字路口，不知哪来的自信，觉得自己拥有一切。那狭隘的人生观因这些年的跌宕起伏逐渐形成自己宏观的体系，我开始明白"水来土掩，兵来将挡"的人生哲学。那生而为人的自我设限，在这些年的以身试错里渐渐变得具有远见。不再迷恋谁，也不再试图成为谁。那初入社会试图讨好世界的忸怩，因着自我人格的完善而渐渐没了踪影。

这大概便是成长，有人因为一段经历走上迷途，也有人通过自我救赎逐渐活成喜欢的样子。

前几日，和北京的旧友相聚，聊起从前，谁也不曾想过当年沉溺于肤浅的快乐的我们，会将年少时深深的执念统统放下，并妥善安置。至于生命里的旅人是走上一程还是走上一生，竟都看得如此淡然。

就像一些感情，曾经我们都以为非他不可，可事实是这世上没有非他不可；或者，像一些突然断了联系的朋友，像风筝断了线，无所谓缘由，就各自走散。

可有时，正是这些失去，让人得以脱离某些关系的枷锁，才得以完整。

天 要 下 雨 的 时 候

窗外下雨了，响起"嘀嗒嘀嗒"的声音。已经很久没有这样早醒，大概是近来睡得多的缘故。清醒让人看清事情的原委。

站在2020年的伊始，回顾刚刚过去不久的2019年。它苍白得像一张纸，单薄而没有力气。岁月的荒芜和虚假的繁荣在一无所获的结局里道明了真相。

平静，久违的平静，兵荒马乱的平静。平静地看完一段又一段言词晦涩的文字，平静地体验着这特殊日子的来自生理的疼。仿若置身乱世，气定神闲地阅尽人间山河；仿若一切倒退的离开的都获得了新生和原谅。静气慢慢注入体内，予人智慧。传说中的"定生静，静生智"，兴许有所领悟。

对文字的热忱，似乎又回到了最初。每日只要是写下去，便觉安全而充实。我，完完整整地再一次属于了自己。比起他人好看的皮囊，文字成为我抵挡乏味生活的重要食粮。它温暖了虚无岁月的微凉，所以人间热闹我也鲜有羡慕。它不过是人们慰藉孤独的幌子，徒有虚名。

空调发出嗡嗡的声音，想起一些事笑了。像日历上撕下的一角，悲欢自知。人啊，天真起来真是像个孩子，为这一次又一次的天真干杯畅饮。

雨停了，鸟儿们唧唧的声音此起彼伏，像在互诉衷肠。给这大

而无当的人间带来一些童趣。很多人，莫名地浮现、消失，带着内疚和忏悔，我将他们一一锁了进去。不适合的，南辕北辙的，终究要告别。厚重的石门，徐徐地落地，发出厚重的声音，关闭了过往的辉煌和华丽。像一个时代的落幕，成全了当下的清欢。

不知所云地记录了这么多，仿若一段又一段生活的注解。有点多此一举，生活哪有什么理由。不过是生下来，活下去。生猛得不像话，非要矫情地给它一段岁月静好，显得有些爱慕虚荣。对，是虚荣——人类隐藏起来的秘而不宣的秘密，并为此付出了惨重的代价。

胃有些饿，一些知觉在产生。觉察它，接纳它，理应给它水喝，给它饭吃，给它以此生所有。可我放弃了。忍受了它饥渴，忍受了它此生磨难。这让人陷入自我感动。为什么呢？因为想要人间更大的繁荣。你看人类的虚荣，总是藏着掖着。哪怕是秘而不宣的秘密，

也要合理化之。这是我的虚荣，人类共生的虚荣，阳春白雪的虚荣，昭告天下的虚荣。

真是有点高兴呢。直面审视了自己。兴奋得踮起脚尖，够了够头顶的理想。嗨，你看，对自己诚实没那么难。打了个滚儿的功夫，世上另一个我被镀了金。

哦不！金是俗的，不要。要银，要玉，要人间一切我所不知道的好东西。嘻嘻。到底内心住着个顽皮的孩子，非要装模作样像个大人。你看，我的虚荣又起劲儿了，戴着不雅不俗的皇冠，还非要清心寡欲地活成《金粉世家》里的冷清秋。

它们相互对抗，形成两个派系，结果谁也没有战胜谁。嗳，真是可爱的幼稚鬼。其实承认自己的俗气也没什么不好意思。毕竟大同社会，共享一切，包括这俗不可耐的俗气。

有很长一段日子，不愿动笔，害怕暴露。羞耻心使我不好意思向世人展示生活里市侩的一面。对世俗的过分抵抗造成了对美的过分瞻仰，美其名曰精致。喏，虚荣的高级表达之一。那时的我对精致有着谜一般的误解。如同一个人对另一个人无可救药的喜欢。

不过是看了梭罗的《瓦尔登湖》，便肤浅地要过诗和远方的生活。以自己喜欢的方式活，阳春白雪地活。这种思想极其谬误，错得有些离谱。心理学称之为对自己的不完全接纳。

但当我把虚荣放在台面，拿出来示人时，世人和我站在了一边。

我第一次有了拥护者。或许它不是虚荣，而是人类对美好的憧憬，或欲望。即便如此，也不喜欢它乔装成人畜无害的模样，吞噬心智。我希望它诚实，足够的诚实，包括这人性幽微处若隐若现的暗，并且能够全盘接受。有所取舍地坦荡成长，泥沙俱下地活，不媚俗，亦不媚雅。即便是快要下雨的时候，也不强迫它阴转晴。

　　天亮了，困意席卷而来。被子的温度给人以暖与踏实，蒸红薯的香甜飘荡在房间里，心被这踏实感层层包围。又是美好的一天，虽然太阳没有照常升起。

诚诚恳恳地生活就很好

四月的花开了一茬又一茬。阳光明媚,映着桃红柳绿。扎起马尾,站在树荫下,像极了盛夏十八岁,带一点轻盈薄透,恰到好处。

一切终于恢复如常。路上的行人渐渐多了起来。微不足道的我又开始了日复一日的劳作,为那一日三餐。

文稿看了一半,没了心思。对着窗外发呆,怔怔了一上午。想起一些事,仿佛昨天还历历在目,今日就遥远得像发生在上个世纪。

日子,带一点薄雾笼罩,轻描淡写地略过每个人,或悲或喜。

许久不见的少年,再见面,终于长成大人模样。西装革履,工工整整。话题里的寒暄带着一点身不由己。曾经的爱与梦想,早已闭口不提。

我诧异于少年的变化,却也深知自己的近墨者黑。不过是五十

步笑百步。这些年的一身如寄,谁又曾完完整整地保存了自己。那些孤军奋勇的时刻,谁又不曾抱怨过命运的不公。

十五岁离开故乡,带着父母的期望,竭尽所能地想要给他们一份满意的答卷。于是有了这一生的上下求索。求索的过程中并不总是坦途,它伴随着荆棘和言不由衷。

有那么一些暗淡时刻,想要回到那片故土。睡在阿婆的竹床上,听她唱江南小调;或是在惺忪的午后和阿爷绿荫树下纳凉。然而,每每回去,每每不适。我与故乡明明一脉相承,却又处处格格不入。之于故乡,我显得过于新鲜,它早已失去接纳我的能力。

就这样不停地迁徙，走走停停，像无脚的鸟，无枝可依，无处可栖。

也有那么一些悲恸时刻，带着对人间的迷醉，站在人生的十字路口，左右彷徨，试图等一种唤醒内心真我的救赎。直至红灯亮起，方才意识到我执加身的深渊早将最初的自己支离破碎。

在那些破碎里，试图恢复完整，用不成熟的世界观自我拼凑。

有时对一切充满理想主义、爱和感恩。每一样都想拥有，天真而热切。有时又对生活不抱希望。吃饭、睡觉、工作，似乎一切只是为了活着，厌世而悲凉。

那早年亲人朋友给予的安全感，终是在十五年的漂泊里消耗殆尽。心底的柔软被世俗裹挟着失了分寸。疏离。冷淡。封闭。

或是出于自我保护，在曾经美好的小世界里故步自封。任谁都无法唤醒。用那单薄的信念对抗世界，企图从它那里获得后天缺失的安全感，以此弥补心底的亏空。但是世界从来都当仁不让，一进一出，不曾手下留情。

就这样兵荒马乱地成长着，以自以为对的方式持续了十五年。终是在三十岁迎来洗礼，我与世上另一个我握手言和。言和并不总意味着妥协，还意味着部分自我的分离。分离出欲望、执念和痴心妄想。

我不再幻想有人救赎自己，也不再幻想生活突然加冕的皇冠。我决定，诚诚恳恳地生活，不觊觎能力之外的兴旺。如果只是播种了一粒种子，就接受一粒种子的果实。

这微不足道的念想，像成片的绿，蔓延在心里，伸出窗外，成就了春天。牛奶配着面包的早晨，带一点黄油的软糯，是心安的味道。

求职者打破这沉浸式思绪，人来人往的身影里，有过曾经的自己。我看着他们走进走出，像是在放一场老电影。也许今日被否的他们，明日就成了他处的重要角色。人生的翻天覆地，怎一场面试可以定格？

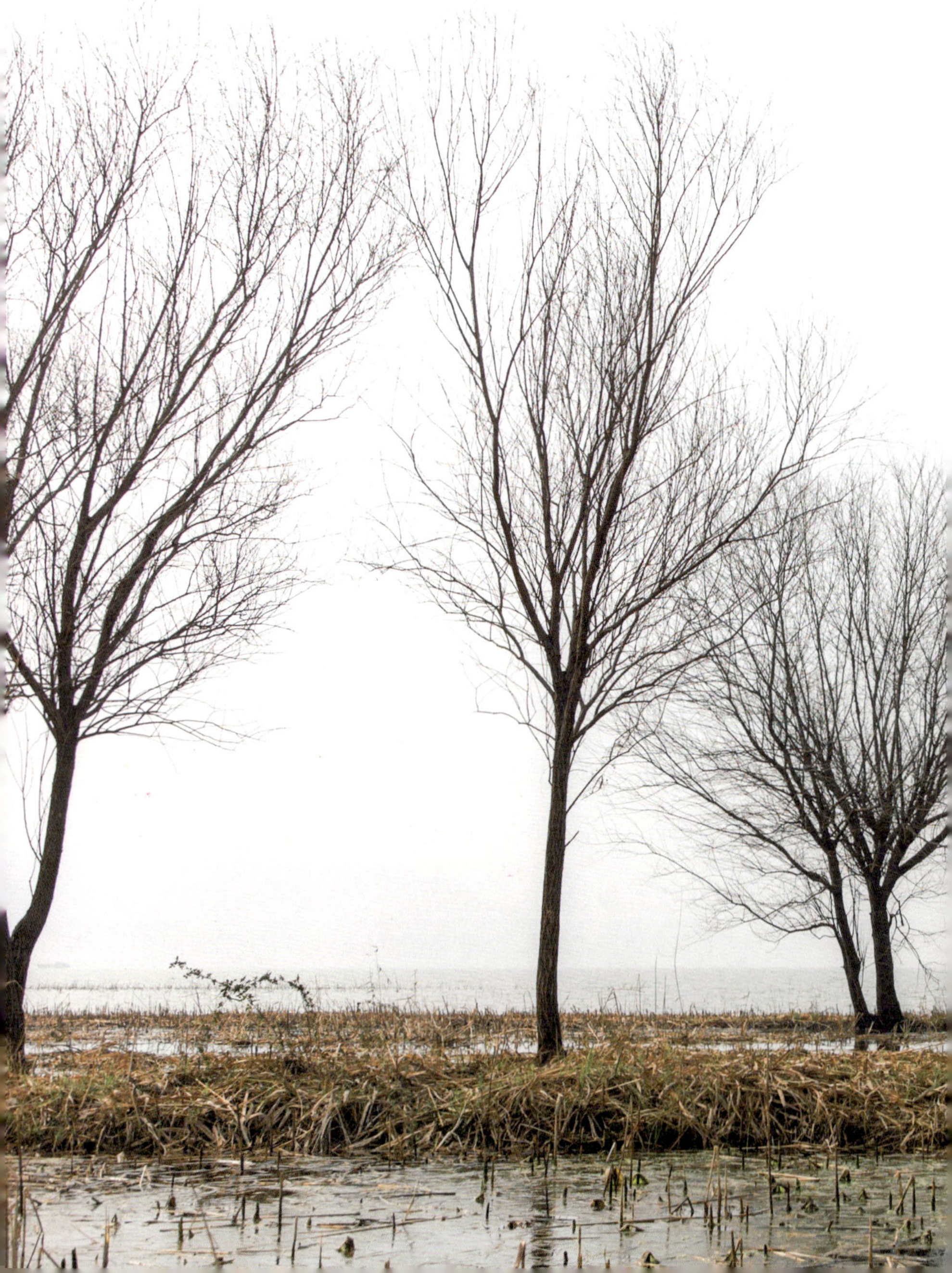

Part 2
借这平凡一生，
　度你喜乐而安

谋爱谋生的路上

每天上班的路上都会搭乘不同的出租车——有时白色，有时黑色，有时模糊不清的颜色。它们来自不同的地方，背负不同的生活，但无一例外的是，会带我去同一个地方。

通往那里的路，有很多条。有的远点，有的近点。人不多的时候，喜欢绕远一点的路。任风吹过耳目。对着窗外发呆。只是看，漫无目的地看。什么也记不住，但觉着放松。

风景在车里倒退。红的、绿的、粉的、白的……姹紫嫣红，张灯结彩的热闹。

偶尔和师傅聊上几句，便是一日的言语。

日子大段大段的沉默，没有任何想要旁白的欲望，连同身体的疲乏也变得乖戾。

天黑时，整个城市会亮起灯，照在树上，照在路上，照在成群结队的人心里。

路上有很多人，有的走得快，有的走得慢。着急回家的人，多有天使要守护。漫无目的的人没有归属，他们是这座城的游子，举目无亲。

路，有时越走越长，有时越走越短。取决于当天的清醒度。

偶尔会莫名地迷失方向，像三岁的孩子找不到回家的路，左右彷徨。下雨时尤甚。

迷路时喜欢站在天桥上往下看。看熙熙攘攘的你来我往，猜想他们留在这座城的原因。是一茬一茬的梦想，还是一截一截的欲望？是否也像我二十三岁时那般有着义无反顾的奋勇，为了那份喜欢，飞蛾扑火似的痴迷。

希望他们不是。蛮荒的喜欢具有毁灭性，像一种暴力美学。描摹不当，则害人害己。

生活里的悲剧不同于电影，它真真实实地发生，给人以身心的永久性创伤，不带任何浪漫色彩。

三十岁才明白的道理说给二十三岁时的自己听。面红耳赤。

后知后觉的领悟并不总是给人恰到好处的幸福感，偶尔也伴随着遗憾。时间往前推三年，2017年，还觉得自己无比正确。认知的浅薄造就洞见的粗鄙，我也不例外。

雨大片大片地落在屋檐上。想起儿时坐在门前看的雨，珠帘似的垂下来，带一点小小的顽皮。

那时日子还不是生活，有着童言无忌的快乐。和一个娃娃玩耍就能满足许久的开心。转瞬我长成大人，床上再也没有洋娃娃和"七个小矮人"，却还试图赖着童年不走。

脑海里出现一幅画，是那年夏天紫藤花开的样子。那年，我光着脚丫站在树下，悼念一只死去的鸟儿，给它祈祷，给它善待。

很多年过去，飘飘荡荡，一身如寄。谋爱谋生的路上，竟乎忘记也曾柔软的模样。在乡野，在不曾到过的远方。

时间带走一切

都说，拔智齿是件需要勇气的事，很疼。究竟是怎样的疼，众说纷纭。

24岁那年，我和一些人一样，陆续长了四颗智齿。起初，它们只是安静地长着，没有任何影响，而后慢慢地产生一些痛觉。这痛觉开始时并不明显，但会在某个节点突然剧烈起来，令人难以忍受。

向来不喜拖沓，决定去医院拔掉它们。上针、麻醉、拔，前后不过几分钟，并没有传说中或想象中那么疼，倒是麻醉之后的余痛，断断续续了许久。

后来，每当身边有人提起拔智齿多么疼时，脑海里都会闪过李碧华的那段话，她说："有些爱情好像指甲一样，剪掉可以再重新出来；有些爱情好像牙齿一样，失去了就永远没有了。"仔细想来，倒真是如此。

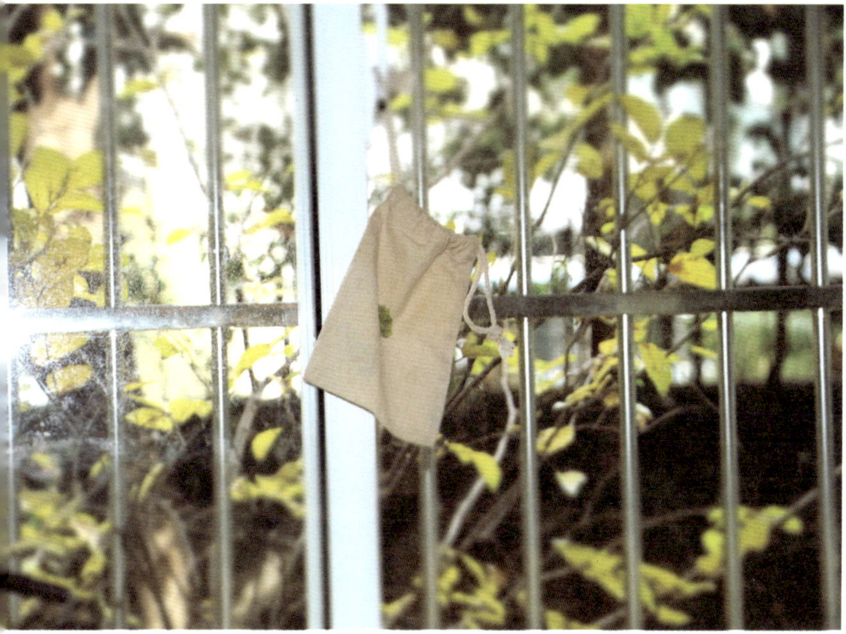

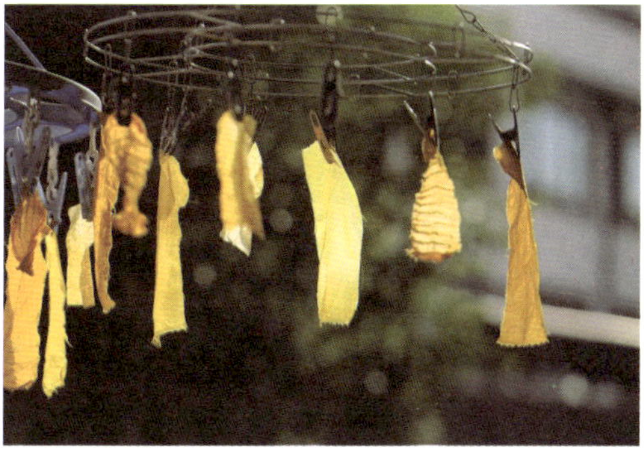

年幼时怦然心动总是容易许多，对方好看一点，有才华一点，抑或细致体贴一点，便轻易交付了芳心；而成人的感情则不易许多，不容易心动，更经不得反复试探。

这是智齿予人的启示，经历过的大多数人都说它疼，但具体多疼，每个人有自己的体会。犹如每个人所经历的感情，是芜杂，是整齐，未身在其中，真相便不得而知。但对于感情，无论多疼，每个人都是充满期待的，期待"生死契阔，与子成说"，只是多数时候，我们所遇见的人都只能陪着走一程。

这些陪你一程的人，慢慢成为你生命的一部分，有的给你伤害，有的给你爱和温暖。藏着、放着、哭着、笑着……最后都成为记忆里鲜活存在过的人。

直至有一天，你点开他早已不用的社交账号，见他换了新头像，有了新生活，对待新人如对曾经的你那般温柔体贴时，你会明白：时间会带走一切，包括他曾经对你的好，如这智齿，失了便是失了。

过 去，真 好

怯懦

认识很久，聊过很多次，从感情到工作，虽然很聊得来，但并未认真见过几次面。对于他的每次邀约，她都借故予以拒绝。说不清为什么要拒绝，内心隐隐地对所有感情失去信心，包括他的出现。如若早一点遇见，兴许这段感情会有个不错的发展，但偏偏他出现的时候，她不再相信爱情。

早年身陷情感的囹圄，她孤注一掷，失去了太多，连同真心。所以，即便错过，也不愿试错。就这样做了很久朋友，对，只是朋友，能够彼此交心的朋友。

默契

这些年，她活得糊涂，也极为任性。弯路尽头，却在真心面前犹豫不决。在感情里越发偏执，寻常的爱情不想要，惊骇涛浪的又不敢。

生日那天，她收到一份匿名礼物，思来想去，可能是他送的。这些年收过很多礼物，记忆犹新的不多，他的这份算是其中之一。

很多人都以为她喜欢华丽的霓裳和好看的钻石，但他知道她喜欢丰盈的内心和清冽的人格。这是她现实世界里为数不多的癖好，未曾与人说起，但他明白。

这是两个人情感世界里的心照不宣，因为太过特殊，所以总舍不得打开，小心翼翼地珍藏在心底。

心动

跨年那天，他为她点燃好看的烟火，她对着漆黑的窗外许下关于他的心愿。他说，如果上海下了第一场雪，要见上一面，但这场雪始终没来。或许在心底，她始终没有做好迎接这份感情的准备，想要开始的欲望并不强烈，所以上天领会了她的心思。

前两日，他问她感情观，如若从前，她的回答可能像所有涉世未深的少女一样想要一颗真心，但是她没有这么说，她知道真心是最要不起也等不起的。爱情不过是人生的一部分，除此之外，还有太多使命需要完成。

或许，她自己也不知道当年那个唯爱至上的小女生会变成如今这般模样。总之，在她心里，已经许久不曾上演爱情。偶尔，她也会停下来，回忆从前。不自觉嘴角上扬，却不再渴望。

憧憬

他对她说，希望有天能够一起游历世界，他负责驾驶和摄影，她负责写字和"摆拍"。他说起未来的样子很美好，美好到令她差一点放弃自己的设限，成全自己也成全他。但最后，她没有。她明白生活真实的模样，和感情里的太多不确定。

所以，他说的"诗和远方"，她随便听了一听，便继续自己的生活。有朝一日，她给得起自己诗和远方时，他还在，自是甚好。如果他不在，那也没关系，她一个人上路，沿途盛放自己。

放弃

前几日，她做了一场梦，梦见自己迷失在一个幽深的小巷口，大雨如注，怎么也走不出去，直至他的出现。不明白他怎么就出现在了梦里，想把这个梦里发生的故事说给他听，发信息给他时，才发现他"取关"了所有。

他放弃了，像路过的他们一样。

这是一种略带感伤的心情，有点失落。

她以为，他和他们不一样，他会再等一等，等她足够坚定，重新相信爱情。不过这种悲伤的情绪很快就走掉了，她安慰自己是缘分未到。没有什么可以使她难过太久。这是成长给她的最坏，也是最好的馈赠。

她写下这篇文章时坐在昏暗的便利店，往事全都涌了上来。

她对着橱窗外的夜色感叹："过去，真好！"

信 爱 成 瘾

生在尘世间,爱与被爱,是每个人一生的修行。

每位女子,无论她后来为人妻还是为人母,都曾向往过爱情。不同的是,有人求而得之,有人求而不得。

说起感情,似乎无论如何选择,都有其残缺。我们无法成为对方完全喜欢的样子,对方也无法完全成为我们期待的模样。我们时常在这些差异化里将彼此推向陌生人的位置,从最初的相见恨晚,到后来的"累觉不爱"。

曾经所有的炽热,到最后无一例外地凉薄下去。面对渐凉的感情,人心难免沉浸于悲恸之中。尤其是在没有造访的分离面前,总有人不舍,不舍常常伴随着哀求与挽留。

而这世上所有的感情,既求不得,也留不得,你唯一能做的是让对方心甘情愿。世上原本毫不相干的两个人,若要彼此心甘情愿,并不容易，所以，失去一段感情远比留住一段感情来得容易。

恋爱常使人陷入误区，认为爱对了就会有好的爱情。其实不然，如果人不对，一切都是惘然。和错的人在一起，即便爱的方式是对的，美好的感觉也会大打折扣。然而陷入爱情的人多是盲目的，掺杂着太多一厢情愿，并不能十分理智地对待，即便是错的人，也会安慰自己磨合磨合就好。可是一辈子那么长，每个人的性情又都不是一时兴起，磨合谈何容易？

遇见错的人，你做的一切都是减法；而如果遇见对的人，则一切都是加法。究竟谁是对的人，谁是错的人，在爱情开始的时候，无人知晓答案，毕竟陷入爱情的人容易一叶障目。

　　但无一例外的是，无论走多远路，绕多少弯，对的人在万水千山后，还是会在灯火阑珊处等你，而错的人则走着走着就散了。

喜 乐 而 安

虽然春天尚未到来,乍暖还寒的冬依然料峭,却对这新的一年充满期待,似乎已经感受到万物新生、破土而出的力量。那些靠信念支撑的日子,终是在蛰伏之后,迎来曙光,在他乡,在远方。

<u>珍惜</u>

可能是成熟的缘故,心里生出一丝喜乐的安定,没有纠缠,没有固执,一切都以事物最本真的模样出现。

还记得往日岁月里的素缕不停,为那青春的执念四处流离,而今回头看,天真而孩子气,兴许是当时年幼,对当下喜欢的一切太过热爱,所以才从未觉察出辛苦。大概在去年的某一瞬间,幡然醒悟,体会到另一番喜乐而安定的美妙。譬如,一饭一蔬的平淡,一瞥一笑的顽皮。那往日看不上的平凡,而今都觉值得珍惜,珍惜这

短暂的一生中不容易遇见的难能可贵。

　　人总是后知后觉的时候居多，往往在失去时方能学会珍惜。世人常说珍惜，而能真正领悟"珍惜"二字的并不多。人年幼时，容易将一切得到视为理所当然；年长时，又对拥有的一切置若罔闻。所以，能在阈值里珍视而惜之，并不容易做到。好在，终究会在合适的时间恰到好处地领悟。

素与简

　　也曾受一些外在价值的影响，着迷于精致生活，甚至将其混淆为生活的仪式感。要一日三餐慢条斯理，要穿戴的服饰设计别致，要举手投足优雅得体。这些自己给自己定义的生活状态，在理解了自我与他人的关系后，逐渐去繁就简，形成了一套自己的生活体系：不让过多的物品占据空间与心智，遵从一切必需的原则，朴素而简单。

近来处理掉很多不再需要的物品，包括不想看的书和闲置的衣服，只留下最适合且需要的部分时，生活变得简单很多。不再为自己的欲望埋单，也不再为别人附加于世俗的价值观埋单，每天醒来，看到的、使用的、穿戴的都是经过仔细审视的。表面来看，这仅仅

是舍离的一部分；深层次来看，是越发理解了自己之后的选择。

安定

回家小住了一周，便回沪了。回沪那日，去奶奶家道别。奶奶说："我今年身体不好，走不动了，不能送你了。"于是，她站在门口目送我消失在路的拐角。我玩笑着远去，头也不回，眼泪莫名地落了一路。即便是今日忆起那日别离，还是难受得如鲠在喉。这样的别离与目送怕是越来越少了，当真害怕有日回头，身后空无一人。

因着涉世未深，对很多事情的理解总是异想天开，在我不成熟的人生规划里，从未为他们的日益衰老而仔细盘算过。总以为可以在他们的庇佑下恣意生长，不曾想，时光竟如此冷酷。对世事无常的理解越深刻，越发体会到生命不能承受之轻。既生于世，终是不能幸免于俗世，也不能脱离为人子女的责任与使命。而这一切使人愿意落于日常、星辰与大海，竟起了前所未有的安定之心。

平凡

年轻的时候，对五光十色的生活十分向往，所以羽翼未满便迫不及待地逃离象牙塔。希望在浮世绘里历练出一个不一样的自己，可有些人终究是不属于浮世绘的。他们与生俱来的特质，如湖水般清澈，更适合平凡。

不能承受之轻

米兰·昆德拉在《不能承受的生命之轻》里记述道:"人永远都无法知道自己该要什么,因为人只能活一次,既不能拿它跟前世相比,也不能在来生加以修正。没有任何方法可以检验哪种抉择是好的,因为不存在任何比较。一切都是马上经历,仅此一次,不能准备。"

第一次读它是在上大学期间,尚未深切地体验人生的我,并不知晓这段话的具体含义,只是隐约被"生命"二字所吸引;第二次读它是在北京的一所图书馆里,那时岁月静好,也并未领略出"何为不能承

受的生命之轻"；第三次读它是在一场无常里，生活所有的真相在那场无常里，逐渐以我所知道或不知道的形式扑面而来。

无常

近来，常觉生命脆弱。总是听闻不好的消息，似刹那无常，没有可修饰、可更改的余地。

除夕那日，接到闺密娜的电话，我以为是新年伊始的打趣，不料是生命不能承受之轻。在这通电话结束后的第六日，她告诉我，她的妈妈永远的离开了……

我在电话一端听她哽咽，一时竟不知如何安慰。这场景就像二十三岁那年，手足无措的我给她打电话时，她的心境。

我见过阿姨，吃过她做的饭，身体看起来很好，只是……怎么也想不到一场病便没了。

关于生命的脆弱与易逝，虽然很早就

领教过，但近几年经历的离别一次比一次深刻。

儿时总盼望长大，以为长大了就可以无所不能；长大后才发现，成长是一个不断失去的过程，失去越来越多的庇护，失去越来越多的至爱。

失去

前日整理书稿，我看到了多年前写的一段文字，内容是长安街的告别。看着看着，突然心酸起来。要多决绝，才能笑着转身，没有一句解释。

时间就这样默默地走着，走散了很多人。我以为，这一切都是最好的安排，不必缅怀，可偶尔停下来，才明白到底是弄丢了生命里的弥足珍贵。

因为一个误会不再联系的朋友，因为一种倔强不再转身的感情。有那么一些时刻，举目望去，满目荒芜，却又告慰自己繁花会开。在欢笑背后，在人群散去，那自心底升起的悲凉使人脆弱而理性。

童话般的日子,渐行渐远,生命不能承受之轻随时上演。生命说去就去,无常说发生就发生。我们无法把那些特殊的经历一一告知他人,获得世人体恤,很多感受只能插科打诨。

生离

时间像个海盗,窃走许多年轻的时光;而成长像一场漫长的告别,目送韶华离去。

突然有一天,父母成了孩子,在重大决策面前也会惊慌失措,被推着成了"意见领袖"。

想象那未来会一一告别的人,面对生离,始终无法做到不动声色。即便非己身,偶尔听闻还是会忍不住对生命的脆弱感到伤感。伤感这一场场永不说再见的别离,再无相见的可能。

就像夜里做的一场噩梦,提前预演了许多别离,在别离面前的哭泣、脆弱,全都那么真实,却又无能为力。面对生命的易逝,每个人都束手无策。

暧昧、喜欢、爱

像是过了一段荒唐岁月,和很多人走散,没有告别,没有挽留,没有前奏,一切都发生得那么自然。一旦沾染上一座城的气息,再想去掉,就需要果断地告别,告别故事里的得未曾有和爱而不能。

小时候,对美好的事总是贪婪地想要更多,甚至渴望过永恒,并试图用多种方式去维系一份自以为会永恒的永恒。长大后会渐渐明白时间面前再无永恒之说,遗忘才是常态。譬如,分手后的恋人,中途走散的朋友,被岁月洗劫的我们。

成长总是难以两全其美,给你年轻气盛,也给你心智不熟。一路走来,有人遗忘爱情,有人遗忘真心,有人遗忘曾经想要守护的人,也有人完完全全遗忘了最初的自己。无论是哪种遗忘,都不可避免地有人沉沦。

因着很多原因,我们总是要舍弃一些不适合自己的东西,而舍

弃意味着割舍，内心会有不舒服但好像很容易就会过去。所以我们选择对自己苛刻，用后天习得的理性去制衡与生俱来的善感。可能会错过，错过很多性感的爱情，错过很多感性的友情；可能会走散，以我们无法预测的形式。但我们终将明白聚散离合，以沉默，以眼泪，以他人看不到的隐形感性。

人 生 海 海，念 而 无 念

想要躲起来的七月在归人心里蒙了一层纱，寂寞的人随便说爱，缺爱的人容易动情，有过伤痕的人选择置若罔闻。在桃花面前，只能安静，有时不仅是因难画其静，也因爱得太廉价以致失去了绽放的欲望。

七月里的故事有些散落，也有些深刻的沉默。而那沉默有所不同，我挑着留白什么也没说。

感情是自私的，无论是暧昧、喜欢，还是爱，它都带有偏见和私心，不希望与人分享。可是人有七情六欲，贪嗔痴总是难归其位，而我们又都是普通人。

生活还是有许多过分激动，有人挥霍得淋漓尽致，有人挥霍得无所畏惧，也有人挥霍得不动声色。在所有遗失的不快乐里，不再觉得失去是舍不得。比起没有结局的开始，遗忘更容易使人幸福。

在除了爱什么都不会的年龄里，偏执而错误地消耗爱，以为自己付出的是真心，其实不过是一个人的自我感动。从感性上来说，人是容易被感动的。从理性上来说，人是害怕负重的。面对不确定的示爱，假装忽视是不错的选择。

能够随便说出口的爱和容易动情的情，都算不得矜贵，可以对你也可以对别人。一不小心误读了他人的故事，见证过几段殊途同归，便以为自己领悟了 True love ，也着实幼稚荒唐。

随便陷入爱情的人，在求证自己被爱的可能性。

容易动情的人，在匮乏里试图抓住每一种可能。

这世上所有明朗的关系，都建立在彼此笃定的基础上。所以，一切不明朗的，都只适合遗忘，不适合深刻对待。

如果这世上真有一种感情比较动人，那就是返璞归真。面对所有复杂的感情，"天然去雕饰"地面对。我们都是生性朴素的人，缝补不了满是疮痍的内心。对于爱而不能，抑或得未曾有，只能遗忘，也只适合遗忘。

如果故事还有明天，如果遗忘之后还想深爱，那就虔诚以待吧。

我始终相信一路繁花多过凉薄，尽管沿途"乱花渐欲迷人眼"，也始终相信遗忘之后会有新的故事发生，会有的新的美好延续。

所有两个人里的沉默，所有没有说出口的留白，所有不被认真对待的暧昧，都终将在时光里被遗忘。

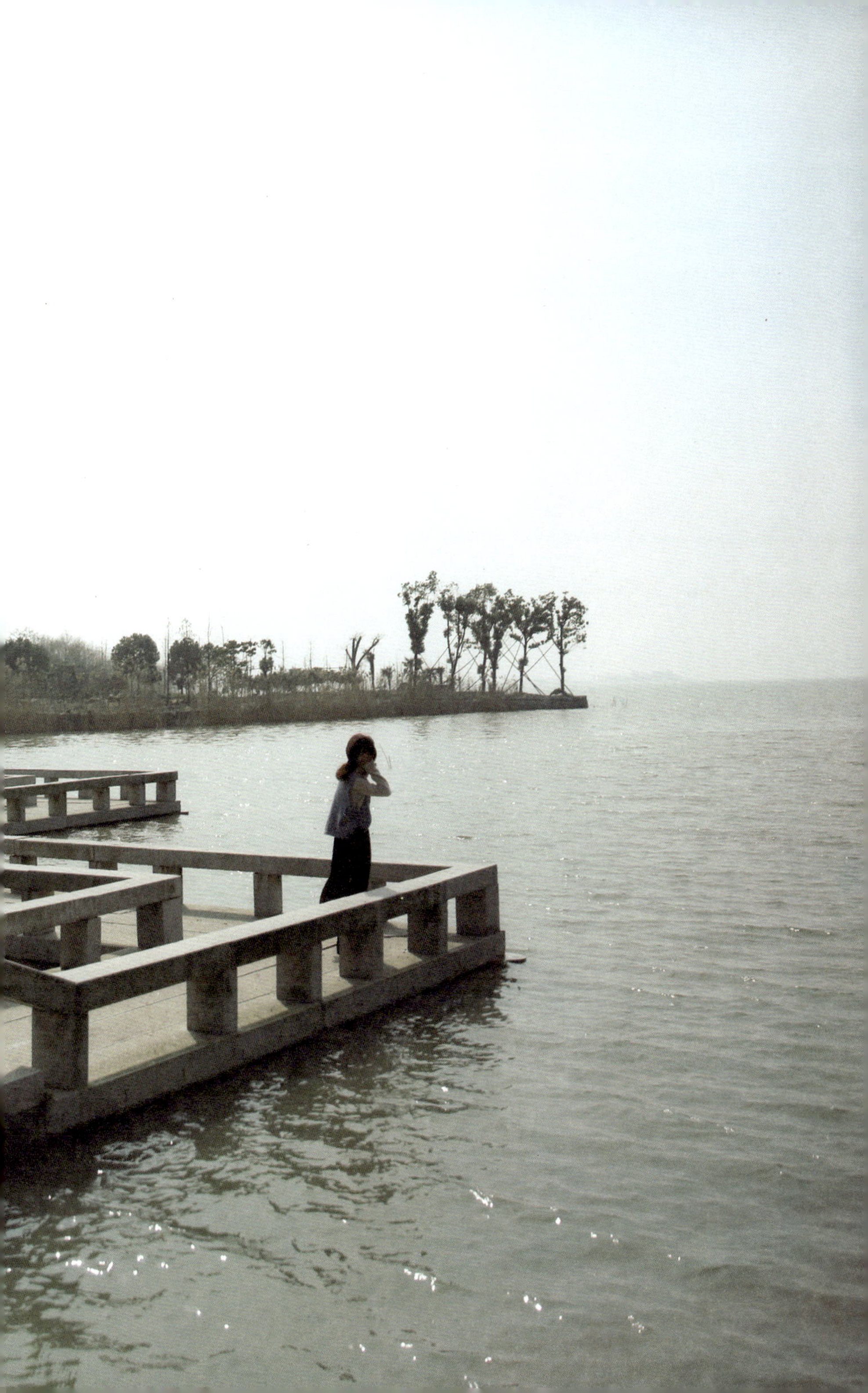

忧伤的时候，去花室

那是一个雨天，跟往常一样。

路过花店，给自己买了一束三色堇。回家后，将它插在瓶中，看它在微风中摇曳。

一些细碎而美好的时光，扑面而来。

儿时庭院里斑驳的篱笆栅栏，墙角里开出的红色蔷薇，说好了要一起去北海道看薰衣草的白衣少年，统统留存在了回忆里。多年疲于生活的流离，使他们杳无音讯。

有时，不知道是自己离开了他们，还是他们离开了自己，抑或，我离开了我自己。

那性格里对很多事漠不关心的禀性不知不觉蒙上了世俗的尘土。

很少放空自己去把玩一块碎布，只为做一个喜欢的布娃娃。

很少有闲情逸致去种植花草，只为每日清晨与它们窃窃私语。

时光未曾皓首，而那些欢喜已白头。不曾枝蔓，便悄然落幕。

记得小时候种过很多花草，每日傍晚去浇灌，清晨去看它们醒来的样子，有时它们意外盛开，自己会与之说上一段那个年龄才有的小秘密；有时也会拿上一本小人儿书，给它们讲上一段自己杜撰的故事。那时，日子过得很慢，妈妈在楼下做饭，我在楼上消磨一个孩子的天真，偶尔看见炊烟，像是看见了彩虹般的天堂。

关于花，我曾有过许多不切实际的恬淡幻想。

幻想过背着竹篓和喜欢的人漫山遍野地行走；也幻想过自己有日信手拈花，将周围给予的一点美好，布施其中。

原谅伤害，原谅不忠，也原谅不曾认真对待自己的自己。

2018年7月2日，伴随意外而产生分离的第1095天。我们各自在心底做了一场告别，打算用一场时限半年的"花梦"结束这盛大青春里浩浩荡荡的余欢。

比起文字，在"花艺"这件事上的天分似乎少了些许，驾驭起来也常觉力不从心，但每次与之接触，都能得到治愈。

人与人之间的羁绊太过微妙，远近都是分寸，对于始终不擅长与人亲密相处的群体来说，与简单的事物相处再合宜不过。

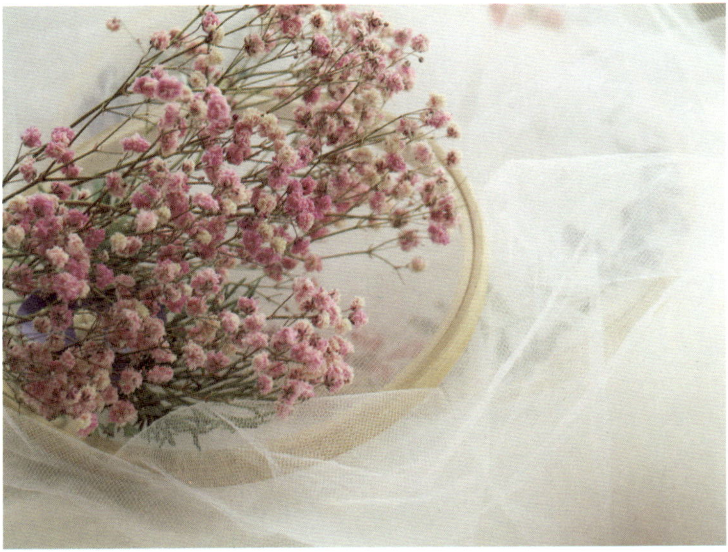

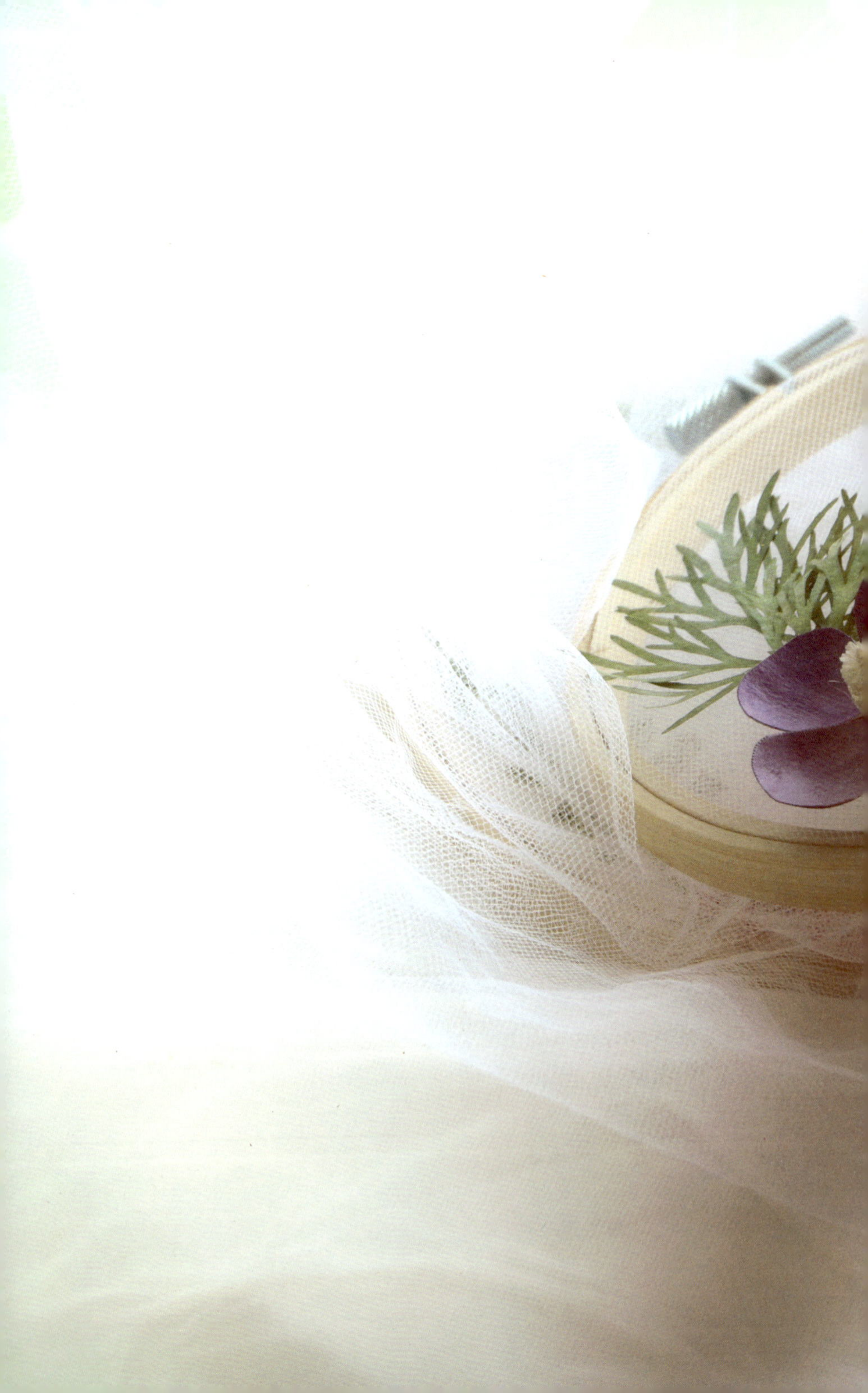

Part 3
路过人间，俯首称臣

空 里 浮 花 梦 里 生

学习花艺已四月有余,日子过得越发清欢。上班的路途,傍晚的黄昏,晨起的黎明,睡不着的月亮,都成了心里的一寸柔软。

与草木接触得越多,与周围的关系越冷淡,甚至多了一份疏离。小时候并不喜欢性格清冽的人,长大后反而欣赏起这些"异类"。因为,他们从不在意别人的看法,一直在专注地做自己,而我缺乏这种勇气。

Less is more

窗外的芭蕉开得甚欢,雨水打在上面,甚是好看。跨过栅栏,轻柔地摘下一片,置于桌上。偶来灵感,即兴将白色的康乃馨点缀在芭蕉叶的叶尾,简约而有美感。它使人想起建筑师路德维希·密斯·凡德罗说过的至理名言——"Less is more"。

成长是一个有意思的动词，它在不同阶段赋予我们不同的喜好，譬如我们小时候可能喜欢绚烂夺目，长大后则喜欢大道至简。当然，少不是简单和简陋，极简也不代表空无一物，而是去掉一些多余的东西，表达最想突出的主题，让它在少里充满张力，脱颖而出。

　　身为人类，我们常常负重行走，并不能很好地轻装上阵。犹如摩罗所说："人类掌握自己命运的能力一点儿也没提高。人类依然深陷在欲望的汪洋大海中无力自拔，大多数时候也无意自拔。"

　　在成长的过程中，我总以为多是好的，至少比没有好。所以一直不能理解"Less is more"的意义。随着学习花艺的深入，接触到很多花艺朋友，他们的生活方式使我逐渐明白：感官只能把握一点点事情，即便它接触了最重要的事情，我们所能得到的也依然只是一个很具体的小形式。所以，拥有得越少越自由。我们都应找到生活中真正重要的东西，减少不必要的打扰。

静默

取一片叶尾点缀了白色康乃馨的芭蕉叶，插入豆绿色的花器中，再辅以单支鼠尾草，同方向自然地弯成一个弧度，花器底部配以豆蔻粉的布幔，便有了禅意十足的花作。

静看画面，柔软、温润、静好，像极了乍见之欢，故而取名为

《如初》。如那古老的句子——人生若只如初见，何事秋风悲画扇。像很多人一样，在经历过那些挣扎的日子后，不再渴望故事。如若可能，愿一切静默，且如初。

静默和如初，是两件事，并不容易同时实现。

如初，是一个人对自己的返璞归真；

静默，是一个人对全世界的置若罔闻；

在现实世界里，只要自己愿意，如初是容易回归的。而静默并不容易做到，它常常被忽视，鲜少有人记得言简意赅的美。

作品完成后，我将它摆放在室内，有时在茶几上，有时在圆桌上，周围的空气因它们而变得宁静。就像草木给予自己的欢乐，不带任何负担，无所求，也无所惧。万物静默入谜。

不知道这样的心理建设是否正确，这种沉浸似的催眠可能是一种对外界的回避。然而，这是自己的选择，心甘情愿，就像刻意赋予这幅作品的意义，愿一切如初，也如常。不再有人突然离去，也不再有无常突然造访。

不染

在花店买了几束百合，用花泥固定，直立式插在花器里，成了好看的白。灯光下，它清透而美，命名为《不染》。

这样脱俗的字眼在俗世里说出来，总显得格格不入，就像人们不再谈论英雄梦想。这生于俗世需要的一切，制约着我们每个人。纯粹理想主义的乌托邦被现实唾弃。

与草木接触后，人变得越发宽宥，容易记住很多微不足道的"小确幸"，忘却"曾经沧海难为水"。就像你知道很多人性的真相，但依然会选择"人艰不拆"。与人为善虽不一定是好的处世方式，但"累觉不爱"也并不妥当。所以，很多行为发生的动机不需要过多揣测，不假思索地相信所有美好是真的，会容易快乐。

一个人，尤其是一个对自我有所要求的人，在生活里翻滚久了，会渴望简单，不再想要复杂的感情。有时宁愿置身草木的世界感受片刻欢愉，也不愿去人群中呼风唤雨。

感恩

"十一"期间，用粉色康乃馨做了一束倾斜式插花作品，取名为《感恩》，送给母亲。

长这么大，我从未为她做过任何值得炫耀的事。她心里的那些夙愿我并未一一替她实现，而她总安慰我一切会好，在黎明，在深夜，在每一个就要放弃自己的时刻。

仰仗这些年来她对我的庇护，我做过很多仔细想来可能是错的事，虽不遗憾，但也因一念之差，走了很多弯路。总觉得未来会好，但何时会好，好成怎样，自己并不清楚。但还是希望能够成为她的一次骄傲，哪怕昙花一现。

与很多机缘擦肩而过，回头看时懊悔不已。仔细想来，这发生的一切，或许都是最好的安排。一切错过总有缘由，心存感恩或许是最妥善的安置。

对于父母，也时常在夜深人静时感到抱歉，并不知晓如何感恩。不能给他们人间烟火，也不能让他们感受到儿女绕膝的天伦之乐。为人儿女，真的很抱歉。

在做"感恩"这个主题时，妈妈坐在我旁边，充满愁绪。她总

是担心我不能把自己妥善安置好。事实证明，每个人有每个人的生存哲学：有些人一生流离，有些人一直被庇护，也有些人下落不明。不管哪种，都有它的因缘际会。

只是，人总是会有责任的，外界强加的或道德使然的，所以，之于父母，也难免心生欠安。

繁花

这是一个简单的球形花艺作品，由波斯菊和康乃馨，辅以纤细的茎叶组合而成，适合圆形餐桌。既然是餐桌花，顾名思义，花是餐桌的配角，菜肴才是主角，故而不能喧宾夺主。所以花材不可大，

以色泽柔和、气质淡雅的品种为宜。

康乃馨是整个作品的主花,波斯菊则营造出一种轻盈感,二者相互结合又营造出一种空气感。将其取名为《繁花》。希望自己的未来像繁花一样盛开,一眼万年。

现实世界里不能寄托的情愫,我总是喜欢移情于物,所以会在一次次习作中试图表达自己,但囿于技艺的拙劣,并不能完全地表达出来。

不知为何会莫名喜欢"繁花"二字,许是它们给了自己很多美好的憧憬;又许是一生欠安太多,所以才要把繁花披戴在身。

释放

去花艺室上课那天,外面下着雨,很大很大,老师给了个南瓜,让我们自由发挥。周围的小伙伴多是做起了万圣节花篮,唯独自己不知道做什么。关于南瓜的记忆并不多,印象最为深刻的是灰姑娘的南瓜马车。

脑海里忽而闪过晴天娃娃的模样,一个无论何时看见都会高兴的形象。它总是唤起我关于儿时的记忆。在半个小时的放空之后,南瓜被我赋予了新的角色,成了另一副模样。我将其命名为《无法长大》。

是的，到目前为止，我还是无法好好长大。无法很好地在社会这个丛林中生活，总是异想天开。久而久之，便放弃了与世俗为伍。毕竟，一个人能始终成为自己，并不容易。

很多时候，去花室上课，是为了获得技艺的提升，所以会力求视觉上的好看。然而，当自己做了一个像七仔也像丑萌版的晴天娃娃出来时，却开心了一下午。在那堂花艺课里，虽然没有做出好看的作品，却在不完美的作品里遇见童年里顽皮的自己。

这是这节课的意义，它使人明白：花道存在的意义不只是生活美学的淬炼，还是一门修心的艺术。它使人在一花一叶里洞悉人性，懂得在作品里表达并释放自己。

　　来上海后，因着一些事的发生，我学会了隐藏个性。人慢慢懂得克制，久而久之，便成了习惯。若非真的熟稔，释放天性并不容易做到。释放意味着一定程度的曝光，意味着你是我熟稔且信任的人，意味着你不会计较我某些时刻的智商"下线"行为。

圆满

　　断断续续写下这些随感，在清晨的第一缕阳光里放生。

　　草木不似人心，没那么容易分崩离析，盛开或枯萎都顺应自然。

　　突然想起"成全"二字。

　　风成全雨，绿叶成全红花，一个人成全另一个人，自己成全另一个自己。

一度以为文字会是自己的宿命，写书或偶尔寄情于此，但命运似乎有别的启示。从2013年开始，它不断收回我早年所得到的一切，甚至不时地给我一记耳光。我那些养尊处优的优越感逐渐坍塌，破碎得久了，便不再完整。但是，花终究会盛放的。一切，都会圆满。

浮生

晚上收拾房间，一时兴起，玩起花来。过分盛开的白色玫瑰不再好看，花瓣凋零在桌子上，一片，一片。拿来花碟，将所有白色花瓣铺在底部，摘一朵盛放的玫瑰置于中间，令人想起"浮生若梦"，取名为《半生缘》。

人与人之间的缘分常常妙不可言，人海中得以相遇的人以各种古怪的方式遇见，有时是擦肩而过，有时是两条平行线，有时则一眼万年。

之于情感，多少有些悲观，即便是最后陪着一起走的人，也未必是最爱的。就像张爱玲在《半生缘》里描述的那般："也许所有的故事都是一样的，真正感人的爱情故事都有着悲剧的结局。"是浮生，但若梦。

习 花 有 感，如 花 在 野

不知为什么学起花艺来，可能是命里的一种缘分。人与人之间的缘分常常妙不可言，人与物之间也是如此。

小时候有过很多爱好，随着时间流逝，被得以完整保留下来的所剩无几。除了供养自己的文字，其他都杳无音讯。

记忆经过几次洗劫，选择性地忘了很多事情，但那些清晨花开的瞬间一直被铭记。

如果有另一个世界，想必另一个自己应该是在森林深处，着斗笠蓑衣，看花开正好。

有花在目

三月一个睡醒的午后，站在阳台上，看周围的车水马龙，突然厌倦了格子间的生活。

每个格子间都有一样的女人、男人和差不多的琐碎故事；而这不是自己想要的人生。

去做点什么吧，即便此刻不能拥有，那么尝试着改变也挺好。

一直以来，你都说要和喜欢的一切在一起。可是往回看，充斥在自己周围的并非完全是自己喜欢的。

房子不是自己喜欢的，房子里的主人不是自己喜欢的。桌子上的杯子，客厅的沙发，挂在窗子的窗帘都不是自己喜欢的。

这些并不重要，重要的是人会在不喜欢里逐渐失去认真生活的底气。

对于一个什么都追求"我喜欢"的人来说，和不喜欢的一切在一起的感觉糟糕透了。可是回头看见桌子上朋友送的花，心情旋即好了起来。

如果在众多不喜欢里，能尝试着拥有一件喜欢的，也挺好。

而花也可能成为其中一种。

成为自己

在众多流派中，比较喜欢的是日式花道。

中华花艺虽也有其精髓，但因文化断层，未被很好地沿袭下来。

之所以喜欢日式花道大抵是因其雅，不招摇，不逼仄，甚至残缺、清冷。而它的韵味，寂静、深远、不暴烈，给人直抵内心的静谧与禅意。

花虽百样，各有千秋，当你独自面对它们时，它们是一样的，美好而柔软；甚至在它们面前，你会坦然成全自己本来的模样，或笨拙，或灵敏。

也曾想过成为一个什么都会的人，至少能很好地照顾自己。不轻易迷路，不轻易生病，不轻易让人担心。可是无论如何努力，都只能笨拙地行走。所以才在这俯拾皆是的人间欢喜里，简单习得诸如文字、草木的一二，不过是因其成全了自己天性里的部分笨拙，使自己得以成为自己。

明心见性

学习插花，表面上来看，是在学习一门手艺，实际上却是修心。

枝蔓的处理，考验你的耐心；

花材的选择，体现你的喜好；

花与器皿的搭配，表达你的审美。

当一件作品完成时，它又是你情感的一部分，或喜乐，或悲怆。

在没有接触花道之前，我对植物的喜好有强烈的个人色彩，会偏爱某一种颜色或某一种花语的植物——给人以梦幻的粉色千黛，

和给人以凄美的曼莎珠华。所以插花时常以个人喜好为主，而不是结合器皿的特性进行选择。不过，这时做出来的作品，往往都要重新做上一遍。

花和器是两种完全不同的物体，而它们的组合却是一朵花的宿命。

当花和器的自我表现越强烈，作为作品的花就越不和谐，越没整体感。

顺应自然

花道，即将花草树木的枝、叶、果插入花器，使其具有艺术之美。

花道讲求和谐，主张以阴阳两极的

思维看待一切事物。

在日本，插花的艺术源于直立鲜花，意义在于使生命复苏，其特质在于追求顺其自然，以表现其生命短暂而艳美的鲜花在凋零时的心境，而非人为造作。所以插花的最高境界是如花在野。

谦卑

人在某个领域待得越久，就越容易独善其身，并把自己所在领域的取得的优越感强加于人。譬如，在金字塔顶端的人会不自觉地有一种优越感，而从事文化工作的人会有一种文人的清高，无论哪种都有失偏颇。毕竟世界上有很多事都是自己所不知道的，在某些见闻面前，我们都是主观而肤浅的。所以，人一定不能自命清高，变得闭塞而排他。

我们不能忽视其他领域的存在，用此刻的眼界和思维模式去造型，而需心怀谦卑，通过并不起眼的技巧将自己的思想情感借助植物的魅力展示给人们。与此同时，客观地认识自己所处的世界，不可因先入为主的观念而迷失了真实。

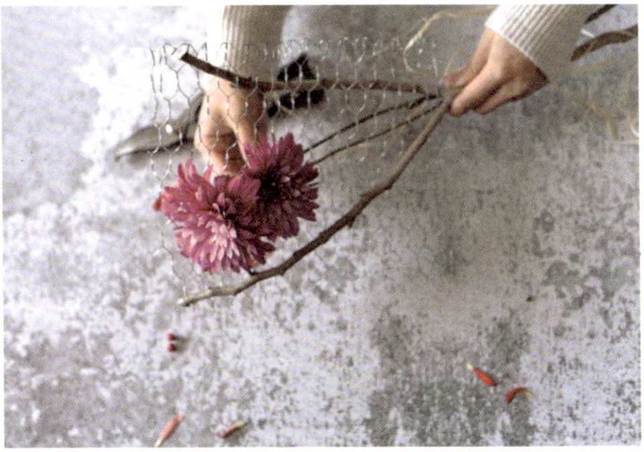

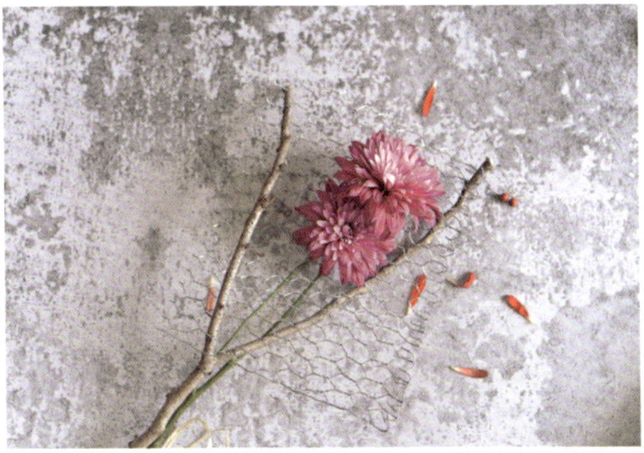

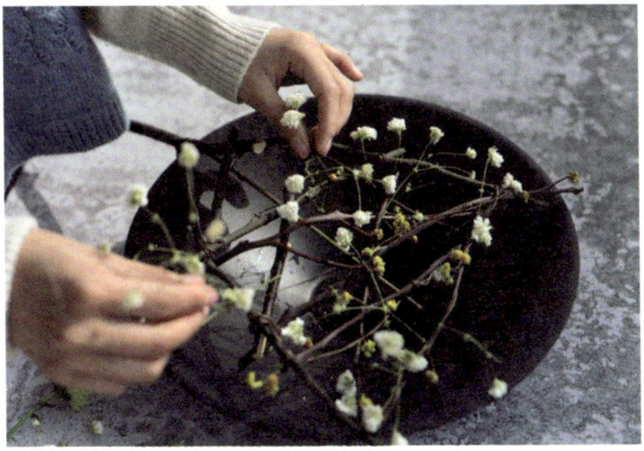

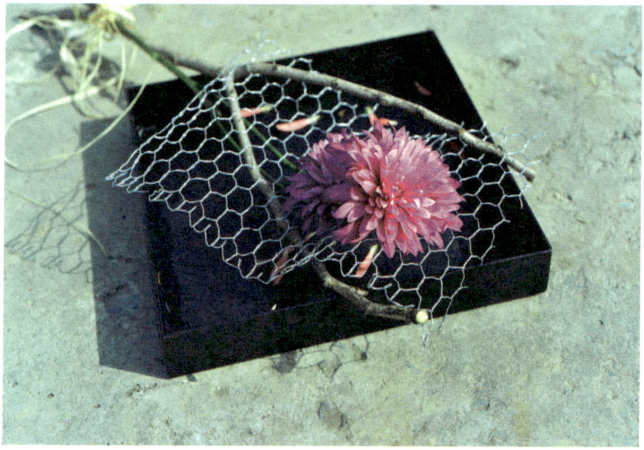

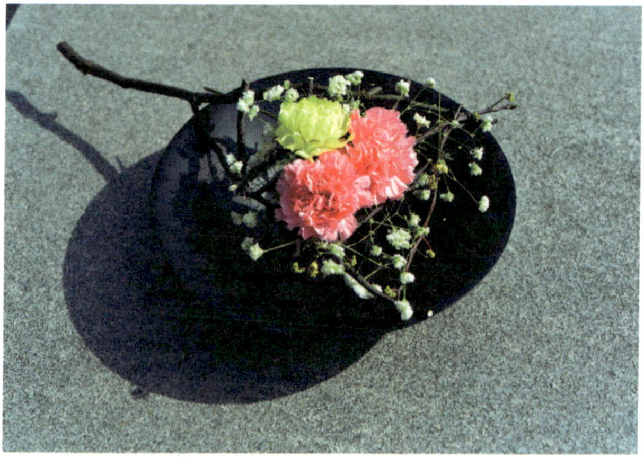

美感

出于本能，人习惯性地对作品评头论足。对于同一幅花艺作品，不同鉴赏者会有不同的评价。我们不必要求自己的作品使每个人都满意，只要能使观赏者感受到美感，抑或获得精神享受就已很好。

生而为人，因其各自成长背景的不同，对世间万物都有自己的价值判断，习惯以自己的认知界限作为尺子来度量一切。但有时所处位置的不同，也会导致其不同，所以，我们不应对事物的价值做规定，即便厘定了一个价值也不要执着于此。因为立场不同，会出现完全相反的情形与状况。

无为

有时，在路边捡到一朵花，习惯性地把它带回家。什么也不做，任其自然凋零、散落，或用好看的盘子盛放在室内，感受因其而凝聚在一起的空气。空气、花，什么也不曾诉说，但还是感受得到光阴的逝去。

人有一种误区，一旦从事了某个领域，便想在此领域出类拔萃，获得认可；其实世界万物的姿态，都在于自己如何求索。

所以，插花的本质不在于向鉴赏者展示技巧高低，而是把自然的美提供给鉴赏作品的人。插花者不需要对作品赋予太多主观性评判，而应注重作为主体的作品本身的实际存在；也不需要用一己之力去创作独一无二、自我满足的作品，而是尽量依循自然形成的素材，去寻觅、筛选、采购优良的东西，并且最大限度地发挥其本色，顺应自然的力量，从而创造出优美的艺术作品。

有些东西比美重要

由于环境明亮，很多东西我们看不见了。

但是，为了看见更多的东西，我们要到黑暗处亮一盏灯。

在一个"美"成为消费品的时代，"不美"或"不够美"像是一种罪过。

初学插花时，拙劣的技艺使自己失落，可是当"不美"的作品完整地呈现在眼前时，还是会感到惊喜。它不是不美，只是美得不符合世俗标准，犹如浓淡各宜的女子。

所以，插花的意义不在于装饰，有些东西比美重要。

相闻奏华

独立生活得越久，越不擅长向他人倾诉情感。开心或不开心，都习惯了一人独享。

如果有一天，花道能将人的喜怒哀乐完整的呈现出来，那兴许是花艺史上的一段传奇。

曾想用不同花材勾勒一些相似题材的故事，却不料每种植物都有自己的个性。

不同的植物，对应不同的技法。

因此，与植物对话，倾听它们的声音，将自己的感情托付给花草，才能完整地表达。摆脱既有的观念，诚实而坦率地将自己的情感寄托于花朵，也就是相闻奏华。

克制

人都是贪婪的，可能是因为匮乏。所以我们总是喜欢多的衣服、多的食物、多的感情。插花过程中大多数人包括自己都会本能地求多，恨不得将所有好看的花材堆砌在一起。当所有花材堆砌在一起时，呈现的作品往往适得其反。

而优秀的作品往往都表现得非常寂静，看似毫不起眼，但其深处却隐藏着作者跌宕起伏的意念。

所以，当花艺师在进行创作时，所使用的技巧要尽量做到不为人所觉察，即"藏即为花，不藏即不为花"。不过现实中很多作品只是流于形式的模仿，而真正优秀的作品需要一种超越了外形创作技巧的精神意念。

并且，在插花过程中创作者应该学会省略技巧，即尽量克制自我意识，克制自己的喜好，帮助观赏者去想象和描绘他们的精神世界。

一 日 细 碎

细碎

起床，洗漱，收拾房间，为自己做简餐，开始新的一天。

日子像窗外浅淡的绿，轻盈而美好。将盛夏叠好收进橱柜，穿一身秋出门。没有高跟鞋，没有红唇。我试着走出房间，去看看外面的世界。

斑驳在墙的迷离裂痕，穿过梧桐树叶的细碎光阴，行走在太阳底下的碎花伞……一切，是那么迷人。

错过

公交车上的乘客陆陆续续下车，仅剩坐到终点的自己。

阳光斜射在身上，留下余热。

从一个地方到另一个地方，漫无目的。

窗外的留白令人想起一些奇妙的缘分。

高考那年，去远方看望朋友，恰逢朋友乘了相反车次的车来看望自己。同一时间，去了对方所在的城市。没有任何约定。像一场美丽的错过。

去年四月，跟一个一面之缘的朋友说："想离开北京，去喜欢的城市好好生活。"于是，被推荐到上海某公司。

比起北京，上海的确是适合自己许多，它使人重新开始，犹如梭罗在《瓦尔登湖》里所述："一个地方只要能让我们恍然大悟，获得新生，就总能带给我们无法形容的喜悦。"

如果要给自己的选择做一个判断，那么来上海是正确的决定。那些因一个错误而引起的连环性错误在这个正确的决定里得到救赎。

片隅

去花市买了些许睡莲和叶上白，带它们坐上一辆空荡荡的车。从车的起点到终点，感受时光的柔软，简单而美好。

回家后，将它们安放在玻璃器皿里，仔细修葺。时光被一寸一寸剪辑。

虽然和它们之间不曾真正交流过什么，内心却感到安宁。

车水马龙，远载了尘嚣。

如果可以，这便是自己的理想世界。安静地做喜欢的事，不被打扰，以我手养我心。开心的时候有人分享，难过的时候也不用脚尖起舞。

人生里有太多瞬间，是一个人独自酩酊，谈笑风生里也有太多无可奈何。

如若有片隅收留美好，那也是好的。

近来

晚上在咖啡馆等一位北京过来的老朋友,听他说起最近的境遇。烛光辉映在脸上,看不清彼此的表情,但想必都是开心的。

不知都聊了些什么,只有在熟人面前才有的"自嗨"模式就被开启了。

他说,"你比从前快乐"。

"是的,比从前快乐。"真正的快乐。

那些当年执拗的、困惑的,此刻都已云淡风轻。

虽然可惜了错过的缘分,却也遇见了更好的自己。

人只有浅尝辄止过糟糕的滋味,才能更好地领悟幸福。

高跟鞋

小时候总喜欢穿妈妈的红色高跟鞋,在镜子前转圈圈。长大后,却很少穿起。

如果不是约会,或特殊场合,几乎不穿。高跟鞋虽然能使人身姿曼妙,但也给人诸多束缚,使人不能自由行走。

回到家后,会第一时间脱掉鞋子,喜欢感受脚掌贴在地面的冰凉感。它使人感到自由,那自由里有一种即便做错事也会被原谅的孩子气。

家

孤独的时候,喜欢把电视打开,即便不看,也喜欢它以"开机"的模式存在着。

那是一种家的感觉。

相信

相信生活会好,相信自己会好,相信爱情会好。

喜欢那种因为相信一些事而对未来充满期待的感觉。

这大抵是自己谜一样完好存在的理由,容易相信一切美好的东西,并任凭上天差遣缘分,行走至今。

随 无 常 而 来 的

2020年的开头和往常很不一样,它没有带给人新生的欢喜,而是以猝不及防的形式给了人类一场兵荒马乱。近乎所有的城市都不同程度地病了,弥漫着无以名状的情绪,可能是悲伤,可能是茫然,也可能是无力。终于,人类的悲欢在某种程度上具有了共通性,即便是表达的方式不尽相同。

一场疫情,悄无声息地带走了很多人,拆散了很多家庭。这是我成长以来第一次大规模地参与到这集体的悲欢里。有时为人类的善良而喜悦,有时为人性的贪婪而气愤,但这一切都只是小我在体内穿梭。她什么也做不了,渺小得如沧海一粟,无能为力到自救还来不及。人到底是脆弱的,在不可抗力的灾难面前,在无法坦然相待的生老病死面前,常常无能为力。

成长是个悲伤的动词,它不动声色地用疾病和死亡诠释了生命的本质。很多人就这样慢慢离散在生活里，直至有一天我们身后再无他人。说到底，人生是一场殊途同归，不过都是向死而生的虚无繁荣，有人活出了繁荣，有人参透了虚无。

人类对死亡的畏惧许是天生就有，即便是孩子也不例外。儿时，一旦听闻邻里有人死去，便躲在房间里不肯出去。那平日看起来无坚不摧的大人哭嚎着，身上披着长长的白布，看上去脆弱而无助。原来，大人也并不总是坚强的。

那时尚且不懂何为死亡，只是隐约觉察到死亡会令人悲伤、恐惧与不舍。再大一点，对死亡的理解有了具象的体会，它是一个人的肉身和意识形态在这个世界的彻底消亡。起初你觉得它离你很远，而其实很无常，甚至是次第发生的。

高中那年，我去县城求学，每次回乡都有人离世，先是上了年纪的阿婆阿爷，后是突然得病的阿叔阿姨。整个村落凋敝得如冬日的枯槁枝丫，萧瑟而清冷。记忆里阿婆绣花，阿爷舞狮，叔叔和阿姨打闹嬉戏的场景突然就不见了。曾经的绿树荫荫，曾经的花儿灿灿，像是被他们一下子都带走了，荡然无存。

起初人们对他们的离开感到悲伤，但很快又有了新的狂欢。如陶渊明笔下的"亲戚或余悲，他人亦已歌"，好像死亡不发生在自己身上，便不那么刻骨铭心，甚至很容易被遗忘。

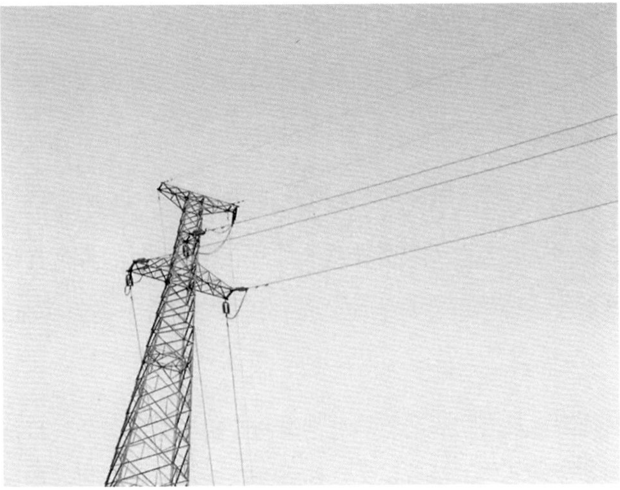

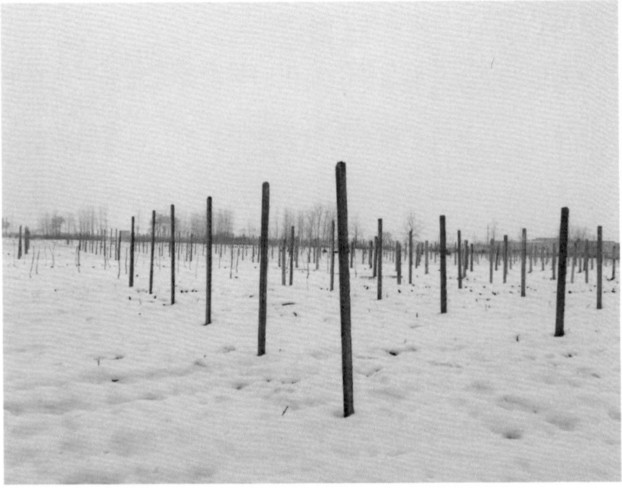

伤春悲秋是那个年纪的特征。自那之后的很长一段时间，我陷入了一种孤寂的虚无，说不上多浓烈，但也并不如同龄人喜闹。

那是我第一次真正意义上思考死亡，在驶往校园的公车上，在沙沙作响的自习室，在一个人的夜不能寐时。我记得那年冬天，窗外的一切看上去都没有生机，但周围的人满眼快乐，大人看不出孩子的悲伤，同龄人更看不出。

一个尚未成年的孩子对死亡的思考相对狭隘而浅薄许多，更多时候是恐惧，甚至忌讳。那时的恐惧仅仅是一种求生欲，繁花尚未尽收眼底，舍不得离去，舍不得被人们遗忘，舍不得让留下的人悲凉。也常常问自己，假如生命戛然而止会怎样？比起群体的悲欢，个人的悲欢不足挂齿，最怕是此生未完成，"子欲养而亲不待"。

再长大些，对生死的认知相对客观很多，但依然觉得要好好活着。大处来说，它是一个民族的存亡。小处来说，它是一个家庭的悲喜。就像疫情之下亲历生死的人，那恐慌、无助和绝望，未曾被困过的人，是不能感同身受的。随无常而来的，没有人可以对其责备。

路过人间,俯首称臣

回去的路上,霓虹还在闪烁。来来往往的人,未曾打过照面,就已擦肩而过。我在他们匆匆远去的背影里,想象着他们或悲或喜的人生。

记得《无问西东》里有一句话:"如果提前了解了你们要面对的人生,不知你们是否还会有勇气前来。"我想,可能不会。不是怯懦,而是没有勇气面对人性的复杂一面。

尽管这一生精彩大于苦厄,但我想,让人退却的从来不是苦厄,而是打心底不再相信一些曾经深信不疑的事。

你会渐渐明白,你所窥见的,感受到的大多数都是表象。它们看起来很真切,但多是虚掩的事实。

就像有时,我们会无比喜欢当下的自己,似乎找不到合适的词

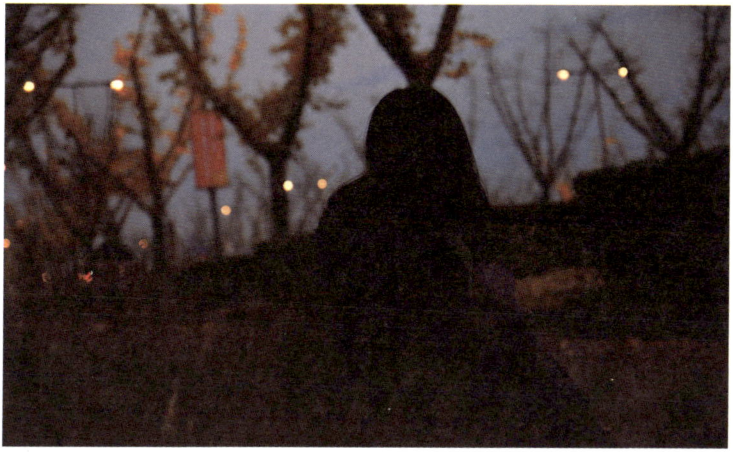

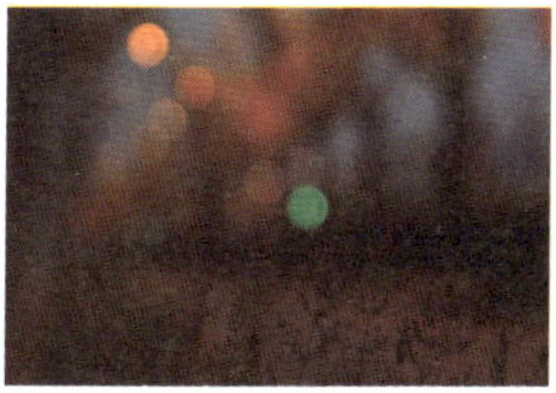

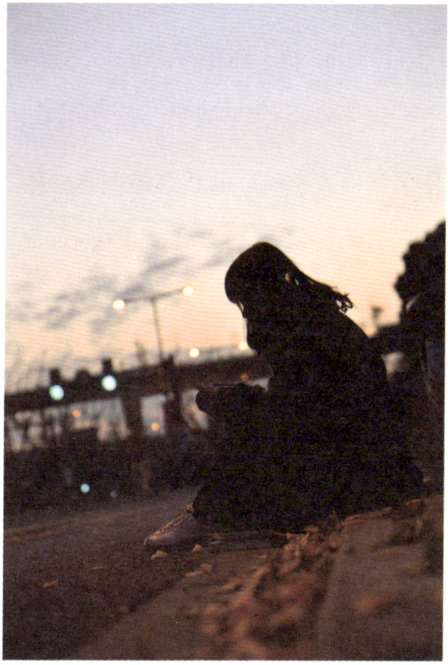

来形容；有时，又对自己感到不满，为什么要走这么多弯路才得以明白一些事情。

乘地铁的碎片时间里看完山本耀司关于服装的自述，方才发现素未谋面的人竟有许多观点不谋而合：随意低调，以及尽可能的隐藏。山本耀司说他是个宿命论者。不知从什么时候起，我似乎也开始相信宿命。宿命论者并非是对现实不可控性的逃避，而是在对人性参悟之时的一种"因上努力，果上随缘"的状态，即不急于得到，不急于证明。就像成长里不同阶段的我们，有时上升，有时下降，可这一切并不能说明什么。

越往前走，越觉得人生充满惊喜，尽管这惊喜降落前变幻莫测，但一切也因此圆满。这变幻莫测使人理解生而为人的不易，甚至觉得人生最好的状态才刚刚开始。

年幼时，有太多困惑与焦虑；再长大一点，又有太多欲望与得失心；反而是浮沉之后，越发真实的像自己。出世时，疏离人群，做好自省；入世时，清楚地明白游戏规则。想做一件事时，全心全意地参与；不想做时，干脆利落地走开。不为难自己，也不为难别人。

路过人间，俯首称臣，尽可能地隐藏，也尽可能地成为自己。

我 后 来 的 朋 友

窗外黑漆漆的，屋内白炽灯亮着。整理物品，翻出一些日记本。随手翻了个片段：

"我后来的朋友总是一茬一茬的，阶段性的或地域性的。想要长久，却充满障碍。可能是城市太大的缘故，也可能是迁徙太过频繁，人与人之间很容易走散。一旦离开那个地方，或过了那段时间，便会失去联系。"

一些人，一些很陈旧的人，片雪似的飞入。音容相貌全都清晰。

记不清是哪一年，确切的日期有些模糊。只记得那一年，隔壁的邻居总是来了又走。人来人往，不到半年时间换了三拨人，有刚毕业的大学生，有年轻的小情侣，有衣着光鲜的白领。虽互为邻居，但彼此并不熟悉。他们日升而出，日落而归，近乎打不上照面。即便是偶遇过几次，有过些许印象，但还是记不清，只是隐约记得他

们有被生活透支的疲惫模样。

很快,北京的冬天到了。隔壁住进一个年轻女孩,她叫小M,和我差不多大。

我不知道她为什么一个人来北京,但看起来对这座城市充满向往。

也许这就是北京的魔力,即便它粗犷、拥挤,有着50度灰,但还是会有人为之前仆后继。

可能是刚来北京的缘故,她时常一个人吃饭,偶尔会来我家聊上几句,有时顺便一起吃饭。时间久了,便逐渐熟络起来。

某种意义上,她是我在北京认识的第一个朋友。

在北京的很长一段时间里,我没有朋友,没有社交,生活圈里只有她。

我一度以为只有自己是这样,后来发现其他人也如此。

也许，这就是大城市，可以轻而易举遇见很多人，但若想与一个人有长久的交集，产生深刻的感情并不容易。

夏天的时候，我们一起逛了"798"艺术中心。

她说这是她最喜欢的地方。

那时的"798"还很清净，从胡同的一头到另一头，没多少人。

我们买上些吉事果，拿着拍照，像大学时那样。

秋天时，她失恋了。她说她在这座城市感到孤单，希望我能陪她说说话。

我坐在床边，听她聊起从前，聊那个从未来看过她的男朋友。

我问她,他喜欢你吗。

她说,喜欢。

她说"喜欢"二字时,看起来十分肯定。

可我不信。

一个人如果喜欢一个人,怎么会连看望的时间都没有。

也许是当局者迷,旁观者清。

当然,作为普通邻里的友谊,"人艰不拆"是一种基本礼仪。

所以,我选择三缄其口,并予以适当的安慰。

善意的谎言与自欺欺人,有时是必要的,至少能让人获得迷惑性快乐。

半个月后,她告诉我她又恋爱了,和公司一位同事。

她看起来恢复得不错,至少看不出太多前一阵失恋的痕迹。

我问她是认真的吗?

她说是的。

那时的我,不能理解她为什么可以轻易从一段感情里抽身出来?

在我看来,所有的感情都要深思熟虑,不可以随便开始。

但她不,她对待感情总是洒脱很多。

多年后,我只身一人来到上海,终于明白那时的她。这是大城市给每个年轻人的孤独。这孤独容易使人对感情产生一种依恋,也容易使人对一个人产生好感。

  冬天时,她搬去了另一个地方。

  我们一起吃了顿饭,便分开了。

  之后,很少见面,也很少联系。

  起初,会在线上聊几句,后来便没了音信。

  我们像两条平行线,各自消失在各自的世界,像不曾遇见过。

  这便是大城市的感情。不容易建立,却容易走散。

  这起初使人伤感,渐渐使人习以为常。

  人对情感的免疫力也因此得到锻炼。

  再后来,可能是心理上了年纪,对五彩纷呈的交际不再沸腾。也可能是愈发挑剔,对不能带来精神愉悦的关系失去耐心。很多人,其实还不错,但总是过目即忘。

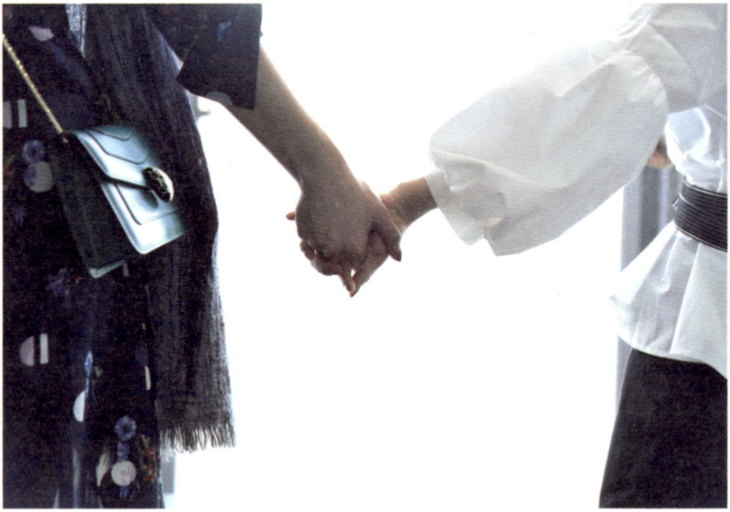

这 纷 纷 扬 扬 的 世 间

　　早上出门时，太阳透过小道的绿投射到脸上，一阵暖意。比起北京的绿，上海的绿到底是轻盈许多。脑海里倏忽闪过米兰·昆德拉的《不能承受的生命之轻》，没有具象的留白，只是隐约记得初读它时的感觉，像极了北京的秋，树叶一片片掉落，黄绿交错，风卷着沙吹进人眼里，一阵灰蒙。很多纵横交错的记忆就这样片段式潜入，没有具体的人和事，却印象深刻。似乎后来所有的心智成长，都源于青春里的那场措手不及，它将命运布施的无常完整地呈现，使人从不觉到熟知。

　　得益于现在从事的这份工作，我有很多机会听到他人的故事，每一段都绮丽无比，远比电影演绎得绘声绘色。偶尔也有人问起我的，我总插科打诨地自嘲带过。似乎生活中没有太过为难的事发生，太阳底下并无新鲜事。而自己明白那些命运的布施多么与众不同，时光荏苒的精致之下,各有各的身不由己。

旧的一年又要过去,冬天很快就要到来。好看的女孩儿系上黄丝带,脸上绽放出好看的笑容。我站在十字路口,周围霓虹闪烁。过马路的行人,街头拥抱的情侣,还有昏黄灯光下的环卫工人,每个人都在用自己的方式探寻生活的谜底。这纷扬世间到处都是对人生的沉迷。

不知怎的,突然走到了当下路口。关于二十几岁的模样,早已和最初的设想南辕北辙。那岁月静好的样子似乎再无可能。也许这是宿命,用此处的月色,照彼处的朦胧,终究不得两全。

疫情之下的一些思考

选择

窗外下雪了，白茫茫的，干净明亮。伴着雪花的雨敲打在屋檐上，发出滋滋的声音。

明明很困，却睡不着。一些事层层叠叠地盘在心底，没有出口。

咳嗽，总也不好。快一个月了，应景似的凑热闹。这幽闭在狭窄空间，不与外界接触的生活，使人平静不少，也感悟颇多。

人这一生中，什么是重要的？你以为重要的，是否真的重要？

我问自己。一时对曾经做出的选择产生了怀疑。

记忆开始倒带，回到那个当下。

五年前，上海；十年前，北京；十五年前，改高考志愿。

这是我人生中的三次选择。它们给了我当下的命运，以及此刻的人生。而这一切都因为同一个人。

我时常想，如果没有这个人，人生是不是会顺遂许多，就不会有后来的流离失所和大雨磅礴。

谁知道呢？也许还会有其他人。命中注定要度的劫，躲不掉的。况且，做了想做的事，如此坦荡，没什么好遗憾，只是没能得一个圆满。

我和我毫无保留的爱情死在了那年春暖花开时。自此，心如枯槁，像个漏斗，容不下一粒沙，失了那义无反顾的奋勇。畏畏缩缩，再也没了当年的敢爱敢恨。

那看似正确而无怨无悔的选择，给劫后余生的人以怯懦和逃避，使之没有办法像从前一样勇往直前。

期望

因着种种原因，过年期间没能和家人团聚。想着年后回去看看。一场疫情打乱了一切计划，阻断了那些天南地北的人。

打电话回家。爷爷住院了，爸爸陪着。

空气突然变得安静，失了祥和。沉默，紧张，担心。

在那一刻，想他们，想回家看看他们。然而，也只能想想，没有任何办法。

内疚，亏欠，不安。它们相互随机组合成一种随时会自燃的情绪,堆积在体内,像一座山,压得人透不过气。

妈妈说:"我们五十多岁了,身体也不好,没有能力照顾你了。你一个人在外面,一定要好好的,不能瞎折腾了。"

是啊,不能瞎折腾了。我这些年不知在忙碌些什么,仿佛只是家里的不速之客。为了逃离那故乡的藩篱,一个劲儿地往外飞。飞啊,飞啊,飞了十几年,像一只不知疲惫的鸟,停不下来。

时间真快啊!他们怎么就老了呢?仿佛昨天我还在他们怀里撒娇,今天就看到他们两鬓斑白了。

回忆这走过的人生,野心勃勃但又愚昧至极,寄希望于他人,热热烈烈,却落了个一无所有。空欢喜。

我想给他们的,和他们想要的,究竟不一样。

活法

和朋友聊天,聊到此刻被困住的人生,感悟颇多,却又无以细言。我们不再幻想绝对的自由,只希望通过此刻不那么自由的方式获得未来的相对自由。

天快黑了。给自己做了晚饭,西芹百合,银耳莲子。一日就这样结束了。忙忙碌碌,平平淡淡,没有什么可歌颂。

"生活是什么呢?"

"一个人的生活方式。"

"它该怎样度过呢？"

"日复一日地度过。"

朋友接着问，"疫情结束后最想做什么"？

"回家，和家人待一起，多陪陪他们。"

"你呢？"

"吃火锅。"

你看，每个人的生活都不尽相同。无忧的人比较容易满足，吃到好吃的就会开心。天真的，可爱的，做一个甜甜的女孩多好。

为什么不能像他们一样简单地快乐？

因为身后无人可以依靠，无路可退。

简单容易，快乐容易，简单地快乐并不容易。

天真了太久，荼毒太多繁花，才留下此刻的一败涂地。面对这当下，有那么一刻，特别想摆脱这日复一日的重复和遥遥无期的等待。想成为他们的天之骄子，为其遮风挡雨，然而又清楚地自知不尽如人意是人生的常态。做好当下即可。

雪停了，天空澄澈了许多。窗子上结起了冰花，像新娘的嫁纱，甚是好看，音响里的婚礼进行曲单曲循环着。仿佛昨天什么都没发生过。对于不想记起的事，人有着本能的健忘。

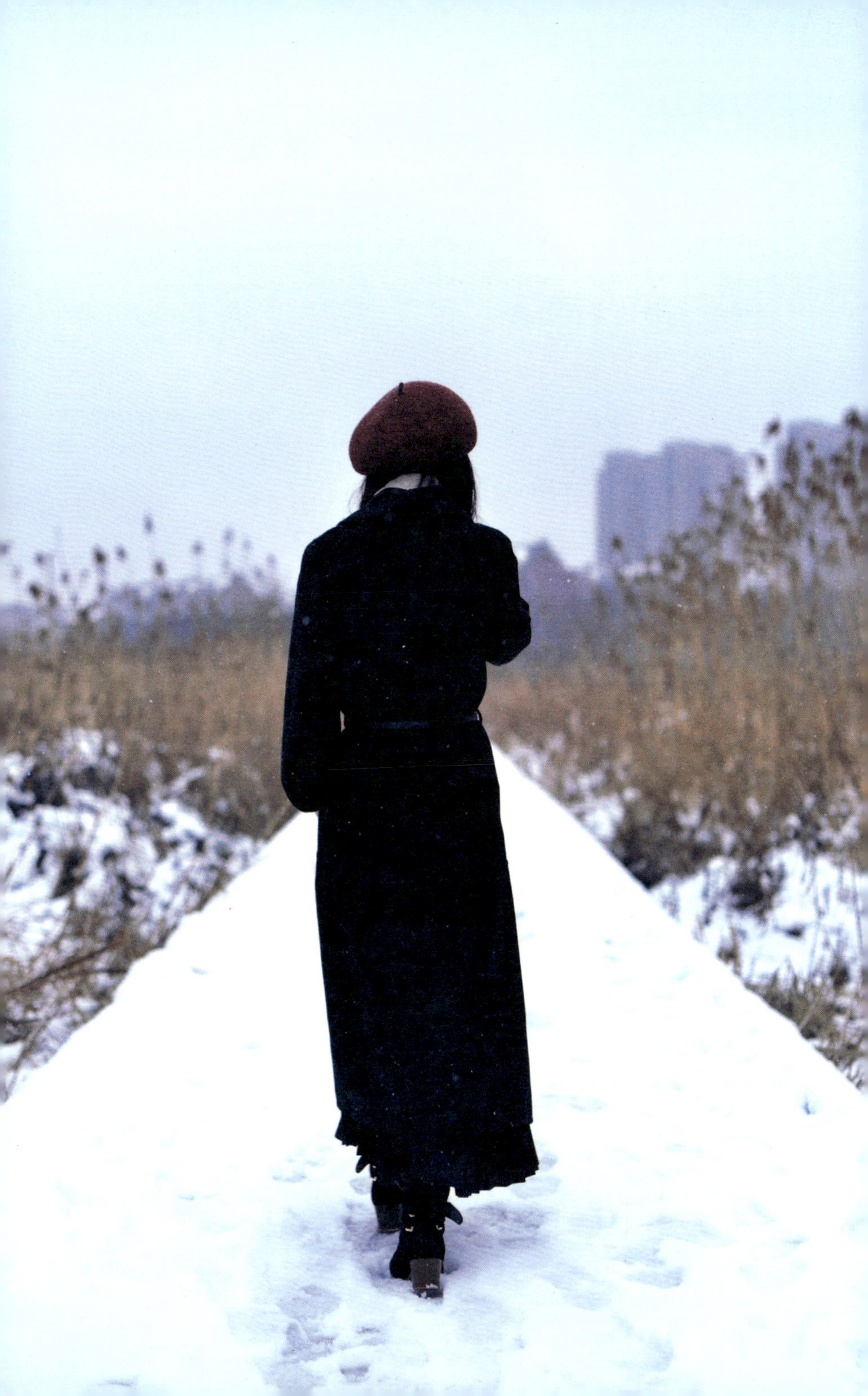

雨中行走，自伞自渡

最近，去了一座古镇，在那里过着相对朴素的生活。那是一个和城市不一样的地方，没有人如蝼蚁，没有车水马龙。白日里，放眼望去，是大片大片的绿，像极了泼墨画；夜晚，是寂静的黑，伴着微光和漫天星辰。

那里有很少很少的人，很多很多属于一个人的时间。我在那里思考和生活。面对这突然多出来的时间，虽然欢喜，但偶尔的，还是会感到孤寂。

那孤寂，是暗处次第亮起的微光，也是踽踽独行时的彷徨。然而，生性悲观却渴望乐观者，惟愿雨中前行，自伞自渡。

自伞自渡的日子，一切都是未知的，信念成了指明灯。记得泰戈尔曾在《信念》里写道："希望的灯一旦熄灭，生命刹那变成了一片黑暗。"

所以，为这信念得以永生，黑暗中，做了一盏灯，希望用它照明，并点燃每一个不曾起舞的日子。当然，我也深知，这微光幽暗，不似砖石般夺目，也不似珍珠般耀眼，但是啊，它终究是光，是希望之光，是信仰之源。

记忆中，鲜少有时间在车水马龙之外搁浅时光，日复一日地奔跑是生活的常态。如此这般将时光消磨在无所为的小事上，近乎稀有。然而，时间带走了一切，它用独有的节奏引领我们走向属于自己的轨道上。

如当下做的这盏花草书灯，表面来看是一次手作，本质上看却是对自己提出的疑问：

要不要慢下来，等一等被尘嚣淹没的另一个自己？

要不要耐心一点，对尚未准备充分的一切包容一些？

也是对自己的审视：

我喜欢什么？拥有什么？能够通过此刻拥有的完成什么？

以及在这慢下来的时间里，是否有足够勇气面对这些无所为的自然消耗？

每一次雕刻，每一次对折，每一针一线的穿梭，既是对未知的探索，也是对美好生活的诠释。这些无意义的瞬间，诠释了生活的另一种可能——不是所有存在都需要明确的意义，如这世间之暖，各取所需，各得其乐，便是了。如——愿这隔岸灯火，有一盏，为你而明。

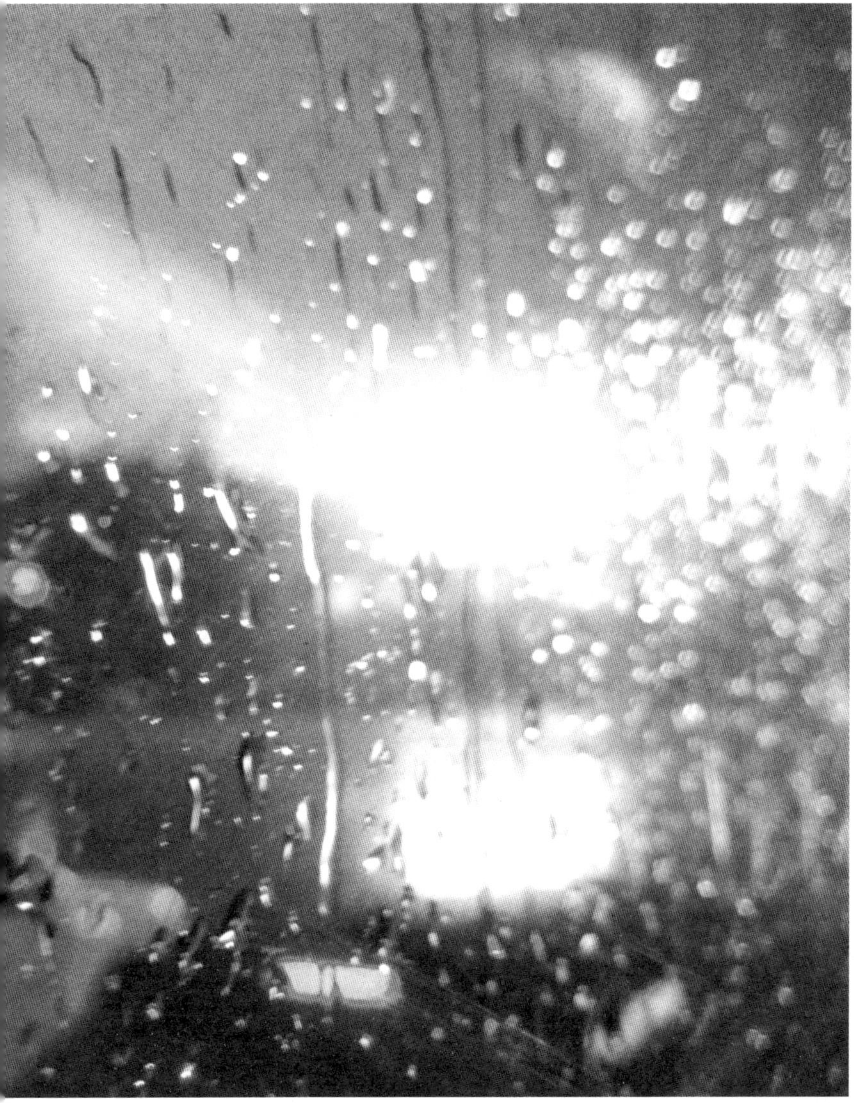

Part 4
烟火里欢喜,
世俗里天真

尘 世 烟 火

恩赐

是日，完成2018年图书作品集的最后一本拍摄，回去时，夜已深。深冬的上海，比起往日多了些许精致的潮湿，扑面而来的是不动声色的清冷。

白色毛衣在粉色帽檐的辉映下，多了些许少女的柔和。岁月到底是认真的，偏好黑白灰的人也逐渐喜欢这软糯的甜美。

十一点的黑夜，褪去了白日的喧嚣与繁华，一路的霓虹闪烁，不禁让人想起尘世烟火。说起烟火，记忆中，多是儿时的炊烟袅袅，轻扬而缥缈。

曾以为，这烟火是每个人唾手可得的日常，离家后才发现：城市的烟火是看不见的，它藏在每个人身后。

譬如，瘫坐在医院走廊的病人家属，那布满血丝的双眼，藏着对亲人生命的渴望。又譬如，某个深冬夜晚，路上偶遇的朝圣者，五步一拜、十步一跪的背影，孤寂而虔诚。想必，他每一步的朝拜都对心里最神圣的信仰充满了敬畏。

这世间，每个人都以我们所不知道的方式，努力而隐秘地点燃属于自己的烟火，或灿烂，或颓靡。

落地为安

回家那日大雪,闺密们来站台接我,许久不见,无须寒暄,依旧亲切。

一起洗澡、敷面膜,一起做饭、烘焙,一起谈笑过往。人生的路走得越久,越发珍惜故人。她们仿佛是这失散岁月里剩下的弥足珍贵,自洽而难得。在她们面前,可以完整地还原自己的孩子气,恣意地手舞足蹈,像不曾长大过。

听她们聊起近况,洗手做汤羹、落地为安的模样,着实沉到了烟火里。一日,三餐,四季,喜乐而安定。

曾经的理想之一是成为她们,有属于自己的一世得体,烟火里欢喜,世俗里天真。

然而,这命运的布施,未能使人如愿,却又抱怨不得。兴许,它有自己的安排,而我不过是借这皮囊在世间经历一场,在劫数到来时,坦然地告别。

于是,这过往组成了我往日波澜不惊的生活里的一束烟火,倾其所有地绽放,即便此刻颓靡,也依然瑰丽着。

乡野记忆

和闺密们分别后,去爷爷家探望,他的身体还算安康,

行动上到底是迟缓了许多。好在儿女绕膝,其他姊妹也常伴左右,不至于孤零零。

柔声细语的奶奶,说起话来总也听不清,耳鸣的迹象越来越明显。做了多年生意的爷爷,到底是闲不住,四处找寻聊得来的同伴;而他的同伴正一个个辞世。这样的离别,意味着一个时代的落幕,从一代人的离别开始。

对生命的易逝,自小便莫名恐惧。每每听闻,都避之不及;而今竟渐渐习惯这别离,习惯他人的随时离开,或短暂,或永远。

记忆里,那些蝉鸣的夏日午后,最是期待爷爷的到来,他总会在树荫下给我们姊妹一些零花钱,让我们去买好吃的。儿时并不贪吃,总爱买一些洋娃娃回来给她们梳妆打扮,跟她们说悄悄话，在那些自言自语里藏匿了一个孩子的天真。

后来，树荫下的谈笑风生渐渐消弭了，乡野的人们开始外出谋生活，只得逢年过节才得以回家团聚。因着生性喜静，对乡邻的聒噪总刻意避开，而今回到故里，各家各户静悄悄的，再无那童年的聒噪，竟也怀念起来。

风雨兼程

妈妈做了一桌子菜，邀来爷奶和三伯一家，一起过了团圆年，算是四世同堂。

饭后，堂妹、堂弟过来串门儿，看着他们唠起家常，相似的幸福，却是不同的人生百态。

有时会想，如果当初没有北上，而是一直陪伴在他们身边，牵

挂会不会少一点。然而，之于故乡，终究是回不去了。这里没有瓦尔登湖，也没有海上钢琴师。无法下岸的人，只好驾着人生这艘船，继续它的风雨兼程。

远行的路上，惟愿时间走得慢些，给父母足够多的健康，让自己可以心无旁骛地去外面的世界冒险与尝试。感谢你们尊重我的每个选择，并不予干涉。从故乡到远方，从北京到上海，从工作到感情，这因你们给予足够保护而产生的安全感成为我生命里的一部分，让我对世界的想象始终报以乐观的态度。

希望你们继续健康下去，而我能去伪存真，以翻山越岭的耐性给自己一片现实世界的世外桃源，不再是止步于"佛系"的内心世界。

孤注一掷，笑着成全

成全

成长过程中有过一段伟大的成全，或是出于爱，或是出于善良，至今想来，仍觉热泪盈眶。要多勇敢，才能孤注一掷，笑着成全?

说起感情，到底是容易伤感，何其幸运才能有恃无恐，被珍视一生。

也许是这底色悲凉，所以希望它在幕布里色彩斑斓。

也许是生性不争，太过信任情深不长，所以才有这圆满结局。

想起那些成全的表情，是笑着祝福，强撑着走完最后一段路，转身才敢放肆地悲恸。

一句对不起，仿若冰释前嫌，却又再也回不到从前。

欢喜

世人多赞赏成全,所以学着奉献,成全他人的圆满,成全自己的默默守护,殊不知比悲伤更悲伤的事莫过于口是心非的成全。

很多次,口是心非的话说给了最亲近的人。说的人任性,听的人当真,彼此以错误的方式理解了这段口是心非,含笑转身离场,继而泪光闪闪。

人性,或者是排他的,无论经历多少疼痛,还是本能的希望占有生命里偶然出现的欢喜,希望这欢喜能伴随自己一生。可仔细想

来，这世间并无多少欢喜能得以永生。亲人尚且容易离散，何况偶然相遇。于是学着乐观，不做任何期许。

诚如生命里偶然的欢喜，就像麻雀突然来到窗前，当它们飞走的时候，只要保留那份欢喜就好了。

让过去过去

也曾对命运的布施心生怨怼，责怪它造化弄人，不该消遣诚恳的灵魂，可是又无法原谅自己面对世事的脆弱。怕这脆弱的因，结出脆弱的果，所以总不够勇敢。

面对误会，欠一句解释；

面对错过，欠一次道别。

仔细回忆，都是遗憾，不知该原谅什么，但觉得世事尽可原谅。

原谅他人的不够勇敢，原谅自己无知无畏的冒险，原谅这一切因爱而生的误会与隔阂。

一个人和她的房间

醒来时,太阳已落入窗内,风吹拂着叶子投下暗影。

天,在狂风暴雨之后,放晴。

近几日忙碌,每日很晚回来,屋子里的一切也越发寂静。

起床,收拾房间,将每件物品置于原处,开始新的一天。

房间里的花

朋友送了很多玫瑰,原本新鲜的变得枯萎。朋友说,枯萎的该扔了才好。

可在自己看来,枯萎的,才要好好收藏。

稍纵即逝的理应叹息,昙花一现的也值得爱怜。

喜欢看它们颜色泛黄、花瓣干枯的模样,仿若生命最后的回溯,静止于屋内任何一角,都有一种无法言语的静美,花期临近的不舍。

每日回家必经的地铁口,有一个卖花的男孩子,我偶尔会从他那买上一束或两束,带回房间,看它盛开,看它衰败,温柔岁月也温柔自己。

也有时,我会采摘几片叶子即兴玩上一番,没有任何主题。

比起与人相处,这草木染心的大片留白,更让人放松。

身外无物,心外亦无物。

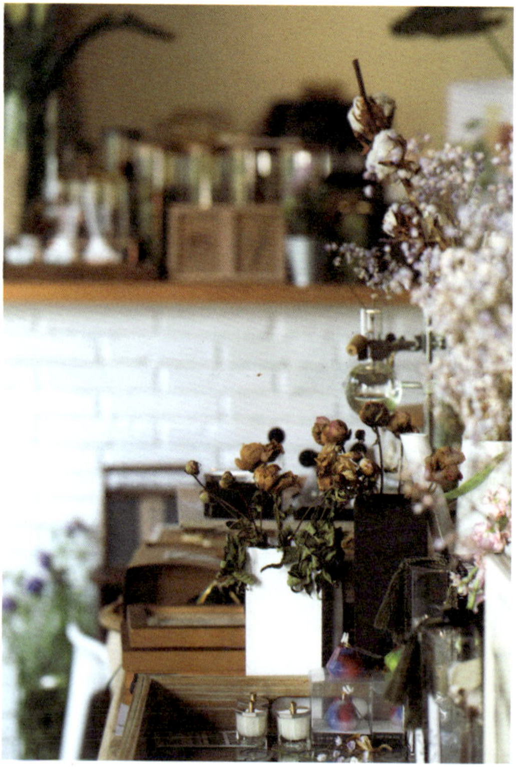

房间里的厨具

很少做饭，做饭的水平也并不高明，但还是买了好几套厨具，西式、日式、中式，多是成双。厨房因这些精致的厨具，而有了家的温度。

在外面吃食久了，会想念家的味道。

偶尔会想，某日为人妻、为人母的自己，会是怎样？是否会一如既往的笨拙？

也许，不会。

有些事情，此刻不会做，大抵是因为此刻没有想要认真去学的念想。

小时候挑食,吃起饭来挑三拣四,长大后因着不怎么会做,便对自己的胃随便许多。所以,我总羡慕那些烧得一手好菜的姑娘,蕙心兰质。

但从不勉强自己成为她们,毕竟每个人有各自的特别。

我成不了她们,她们也成不了我。

偶尔朋友来访,会下厨做一些简餐,味道好坏完全随状态,有时发挥超常,也有时像极了韩剧里部分女主角的水平。不管怎样,都是喜乐。喜欢与人分享的快乐,就像喜欢精致的造物之美。

房间里的故事

毕业后,换了几处住所。从北京到上海。

我这无知无畏的性格,似乎很少惧怕过什么。可依然在独自生活时,生起一些怕。怕深夜关灯后的黑,怕刮风下雨时的电闪雷鸣,怕生病时无人问津的荒凉。这怕,事后想来多少有些矫情,可当初也是真切地存在过。

因为怕,总想成群结队地生活,和朋友们成日成日厮混在一起,拒绝思考任何可能会使自己陷入某种情绪的话题。那是一段刻意活得混沌的日子,看大段大段的喜剧,笑出眼泪;凝视大片大片的绿,感动到无语凝噎。

说起房子,它是一种神奇的存在。

每间房子有每间房子的故事,它带给你或好或坏的体验,都只是一段。而后,我们会在这段时间里领悟到这所房子的哲学。

后来,我搬离那些住过的房子,去了更远的地方,偶尔还是会想起。想起它们曾盛放过的我年轻的模样。

房间里的窗

可能是因为怕黑,也可能是因为怕黑处有什么,所以无论住到哪里都要有一扇明亮的窗,大大的、向阳的、外面有春夏秋冬的。拉上窗帘,是自己的世界;拉开窗帘,万物生长。

喜欢躺在床上看窗外的片隅,或雨落,或雪飞,或太阳照常升起;也喜欢在有心事的夜晚,一个人坐在阳台,等风来,风会兜走所有的不快。

很多次,对生活感到力不从心时,会站在阳台往外看,看对面房间里的好看烟火;看夜幕下的零散星光;看清晨拂晓的、给人希望的那束光,想象一扇属于自己的窗。在那扇窗里,所有旖旎风光都有我尚未遇见的你的布施。

记得一年春天,异常寒冷,快要崩坏了的自己在那间没有"窗"的房间里狠狠地哭了很久。也许是那段日子哭过太多次,以至于来

上海的日子，很少哭泣。

一个人，能轻易流泪，总是好的。

心灰意冷的人，才不会轻易掉眼泪。

所以，大人们很少哭泣。

房间里的自己

疏懒的、寡淡的，抑或冷质的、静默的。所有笨拙暴露于日光之下，写字、看书、插花、种植，欢喜。

这世上每个人都孤独，但不是每个人都需要有人陪伴。人之所以需要陪伴，大抵是因为心里住了不可能的人。所以，了无牵挂的人，不需要被陪伴。

一个人在家，很容易感性。

会因电影里的一个桥段如鲠在喉。

饿了，会给自己做汤羹，但往往吃不了多少。

一个人吃饭的样子，很随性，坐在地毯上，或是窝在沙发上。

晚上，喜欢把灯光调暗，偶尔会喝上一杯。

微醺时，会想起一些人，一些事，而后偷笑上一段自己。

有时，会在房间里一本正经地思考人生，但终究未得其解。

也有时，会跟自己生气，责怪自己没能早一点通透，但吃一口甜就会忘记。

房间里的衣橱

将衣橱里的衣服堆放于床上，挑出不再得体的，不再合身的，不再喜欢的，所剩无几。我试图将这些挑出的衣服随手扔掉，思虑再三后选择放弃。小时候，对不喜欢的物品可以随手舍弃，长大后却念起旧来。即便这些衣服不再得体，舍弃时还是会斟酌再三。

在一间衣橱里舍弃尚且不易，何况是芜杂的感情，即便不喜欢了，也还是难以很快抽离；或者说不是舍不得，而是总想着某日衣橱里会因为多了某件衣服，而使它们又重新适合了自己；又或者是对喜新厌旧的叹息：当初带它们回家时欢天喜地，而不过几次穿戴便被永久地搁置了。

不知是它们不再光鲜，还是自己的喜好发生了变化，总之，它们成了旧爱。

一件曾经很适合自己的衣服,当它不再适合自己时,有时是衣服变了;有时是自己变了;也有时什么都没发生,但就是不喜欢了。不管是哪种,当主人决定舍弃时,它们理应顺其自然。这是一件衣服的宿命。

也许,它们有更好的去处。我将它们扔进洗衣机,消毒之后,晾晒在阳台,待风干后,寄给远方需要的人。

处理完旧物,将盛夏的衣服,叠进收纳袋,整齐地摆放好。

凉薄的秋,挂在衣橱;慢条斯理的冬,准备就绪。

枯萎了的玫瑰花,风干成好看的模样。

盛放在一个有温度的房间。

是暖。

少女与瓦尔登湖

天,突然就凉了,入冬的衣服还没备齐。

因窗帘不遮光的缘故,睡眠较之前浅了许多。

起床,喝一杯凉白开,敲下这些文字。

这是我在上海过的第二个冬,很快就要过完。

而窗户外的绿依然浓烈,像夏天,也像春天。

城市

梭罗说:"人只有在举目无亲的远方才能够真诚地活着。"

所以,我来到这里。和过去的一切断了联系。

人,尤其是未曾经历过生活的人,在舍离面前总是缺乏勇气的。

所以,我也不例外。

可是,一辈子那么长,总要去尝试些什么,才知道自己适合什么，不适合什么。

事实证明这是个不错的选择。

迄今为止，我对这座生活了两年多的城市并不熟悉，但变得容易快乐。有时只是走在深巷就会感到喜悦，仿若新生。

片隅

九月的时候，我换了住所。

相较于之前居住的地段，这里寂静许多，深夜回家的路很宽。

房子不大，60多平方米，宜家式布置，简单而温馨。

虽与理想的房子有所差距，但整体上是自己喜欢的样子。

这是自己毕业以来第一次认真思考生活的意义。大多数时候，我都随波逐流地过着自己不厌烦但也不那么喜欢的生活。因为害怕面对现实，所以盲从地在盛装打扮的人群中招摇过市，对生活不曾太过用心，一切都是差不多的样子。

毕业后，辗转过很多地方，却从未想过房子到底是什么，只是觉得需要在这座城市有个容身之处，并未想过在这所房子里如何度过每一天。

伍尔夫说："女人要想写小说，必须有钱，还要有一间自己喜欢的房间。"

很早就听说过这句话,然而对生活觉醒较晚的自己并不能完全明白这句话的意义。直到有一天,心情异常悲恸的自己在这座城市找不到一个地方放声哭泣,方才认真思考房子之于自己的意义。它不应该只是寄存身体和物品的场所,还应该是分享旅居者喜怒哀乐的"家"。它可以不大,但一定是只属于你的。开心时,可以穿上红舞鞋跳一支不那么优雅的舞;难过时,可以在房间的任何一个角落哭泣。你不用担心自己的喜怒哀乐会打扰到任何人,也不用担心自己的脆弱被他人一览无余;你不用刻意隐藏自己,也不用"披盔戴甲"保护自己。在那里,你是安全的,聪明或是笨拙。

生活

为了让自己变成他人喜欢的样子，成长里有很多次辗转。

十八岁的人通常理解不了二十几岁的困惑，二十几岁的人通常理解不了三十几岁的现实。人总是因为自己的局限而不能理解局限以外的事物。

二十三岁时，固执地以为自己会留在北京，和喜欢的人结婚、生子，过一种原本属于自己的静好，不喧哗，但有声。然而，故事的结局常常比电影上演得离奇。它使人明白世事无常，也使人从此心有藩篱。

分离，或是陷入困境，总是好的。它使人热泪盈眶，触碰真相；也使人明白，你会遭遇很多生活上的困扰，没有对错，只有适合不适合。没有哪种生活方式，值得我们去盲从，无论它看上去多么正确而富有借鉴意义。今天被默认为正确的真理，到明天也许就会被推翻为谬误。有些前人说不能去做的事，结果你尝试后发现，是可以做的。

所以，没有任何一种生活方式可以适用于所有人。生活向我们展示经验和教训，让我们每个人都能清醒地发现和追求自己喜欢的活法，而后跟随自己内心真实的想法和感受，成为与众不同或独立自主的人。

花与禅

哲人说，纯洁是一种微不足道的东西，普通人很快弄丢了这种东西，上等人则小心翼翼地保留了它。很多次，我试图让自己不那么透明，然而长期的离群索居早已使自己身上的社会属性钝化。与人接触得越多，越偏爱简单的事物，可能是静默的万物，也可能是不可触摸的、难以形容的早晨和黄昏。

昨日大风，一个人出门散步，捡回一些花儿，静置于桌上。次日醒来，花儿不再鲜艳，但那种不期而遇的欢喜，依然留存着，让周围凝固的空气变得微妙，甜而不腻。

我将它们放置在新添置的花器中，对焦，定格在胶片里。时光在按下快门的瞬间，变得柔软。也许，这是自己来日的渴望：有简朴生活的喜好，有朝圣的灵魂，也有自己不争的世界。

杨绛先生为英国诗人兰德译作《生与死》：

我和谁都不争，

和谁争我都不屑。

我爱大自然，

其次就是艺术；

我双手烤着，

生命之火取暖；

火萎了，

我也准备走了。

也许，这是完成责任之后的宿命。

无艺之艺

去年冬天，朋友送了些许花束，留下来做成了干花。将其用旧报纸和花绳扎起来，成为室内片隅的风景。比起昙花一现的即逝，枯枝、落叶的萧瑟似乎更为动人。

自接触花草之后，生活发生了很多变化，越发喜欢把时间浪费在美好的事物上。喜欢去花市晃荡，漫无目的地消磨时光；喜欢看花的汁液在布匹上次第晕染，像平常日子里开出好看的花儿。

在与之相视时，我放开自己，把自己的一切断然舍弃，直至空无一物，只剩一种不刻意的张扬。

如来

这是我的二十几岁，没有成为父母、朋友期待的样子，离经叛道地走了一条还算喜欢的路。不知道未来会发生什么，自己会过得怎样，有没有遇见好的爱情，过上喜欢的生活，却偏执地相信一切会好。像梭罗在《瓦尔登湖》里所述那样："让我们如大自然般悠然自在地生活一天吧，别因为有坚果外壳或者蚊子翅膀落在铁轨上而翻了车。让我们该起床时就赶紧起床，该休息时就安心休息，保持安宁而没有烦扰的心态；身边的人要来就让他来，要去就让他去，让钟声回荡，让孩子哭喊，下定决心好好地一天。"

给理想一点留白

关于理想,一直以为它是好东西,直至有日被它灼伤,方才意识到过分的理想化并不总是好事。某种程度上,它会带给我们痛苦。

赵雷曾在《理想》里写道:

我的理想把我丢在这个拥挤的人潮

车窗外已经是一片白雪茫茫

又一个四季在轮回

而我一无所获的坐在街头

只有理想在支撑着那些麻木的血肉

……

只言片语,却道出年轻人之于理想的喜忧参半。它像是一种精神鸦片，诱惑着年轻人，使其触碰到云端的惊喜，也沉入生活的无望里。你问那些"北上广"的年轻人为什么背井离乡？他们的回答多是希望能在机会均等的大都市有展示自己的平台。

都市像一座幻乐之城，每个初入者都以为自己将在这里实现自我，但没有人能预知现实会给自己怎样的当头棒喝。幸运的人，在这里如愿以偿；不幸的人，各有各的不如意，既无法融入平凡人间，又无法进入幻乐之城，郁郁寡欢是常态。

和很多人一样，也曾对理想有着不死不休的执着，以为它是自己的使命，必须虔诚完成。所以，事事追求圆满，力求完成期待。

当然，在逐梦之初，我也曾被它滋养过。然而，当现实够不着理想时，痛苦、失落便随之而来。并且，理想的实现，时常需要以自己的标准要求他人，不仅为难了自己，也为难了他人。为难的次数多了，便成了麻烦。

当曾经执着的理想成为麻烦时，势必会发展成一种困扰，这困扰若处理不当，便容易自我消耗。消耗久了，便容易自暴自弃。

这样的经验和教训，也曾有前辈给过警醒，但年轻的我们，一腔赤诚，不以为然，即便知道，也未必能感同身受。待能感同身受时，已无岁月可重新来过。

记得早年工作时，我曾是个十足的理想主义，对很多事的处理都是理想至上，那时因着领导的庇护，并未出现太多职场上的障碍。直至走出庇护所，处处碰壁时，方才明白理想这东西需要沃土，且不可随意捧出，并以此为标准来要求他人。否则，理想终将枯萎。又或者，离理想太近，一不小心触碰了它的真实一面，万念俱灰也是可能。

当然，不是每个人都需要用理想喂食自己，但有过理想的人一旦遭遇理想泯灭，便是件痛苦的事。这意味着他需要重新找寻自己的信仰；而新的信仰，并不容易在短时间内重塑。即便是重塑，也未必有能力完好庇护。

所以，给理想一点留白总是好的，即便不能全部实现，也能报以遐想。

是 日 清 欢

圆满的

是日,见了多年不见的朋友芸。听她说起她和先生的日常,平凡而不失浪漫,琐碎而不失乐趣。看她嘴角扬起的微笑,眉眼里弯起的星月,毫无疑问,她是幸运的。在她那儿,有爱情最好的模样,简单而笃定。

也许,这模样在我们目光所不能及的远方,有很多类似的圆满,但不是每个人都有被眷顾的好运。

和着风回家的夜晚,抬头看一

眼天空，是黑，却不感伤。很多人来，很多人去，离别变得习以为常。这往日的执念、贪嗔，统统在一场喧哗之后寂静了，留给岁月的是清欢一场。清欢里，很多事都释怀了。离开的，祝他好；留下的，愿同好。

喜乐的

近来，生物钟变得乖巧许多，生活作息跟着规律起来。这安定而喜乐的时光，像是久违的老朋友，晚到许久。再重逢，无须寒暄，也心照不宣。

日子变得简单而美好，除了乍暖还寒的凉意，一切都是喜悦的。想起那"兵荒马乱"的青春，呼啸而过，似尘埃落定。

时常在公寓的客厅工作至深夜，只一盏灯，却也享受这不被打扰的安静。而这"静"与人为伍久了，便渐渐成为生活的一部分，带一点冷清，带一点疏离。

生而平凡

闺密 Kin 清早发来信息，她顺利诞下千金一枚，喜不自胜。时间终究很快，转眼间，她已经有了自己的家庭。还记得同是单身时彼此为伴的浪漫，每每节日寄来的鲜花和礼物让人误以为是角落里默默守护的爱情。得知真相，却又感动无比。

想起她婚嫁那日，嫁纱披身，甚是好看。从为人妻到为人母，她做的总是妥帖周到，浸得了烟火，也经得起平凡。

年幼时心怀繁花，总以为平凡是乏味生活的产物。所以，总渴望去外面的世界看一看；而当看完外面的世界，方才明白：世人，皆生而平凡，能在这平凡里丰盈地过好每一天，亦是一种伟大。

都说人仅此一生，要精彩纷呈，于是有了欲望与攀比，可回头看，这世间弱水三千，真正需要的也只一瓢饮矣。

流 年 浅 白

窗外下雨了，两侧的风卷门而入。

和北京的前辈聊起从前，仿若隔世，很多人和事，离开以后再也不曾念起。就像在上海发生的种种，过去了就过去了，翻篇即是新的一页。

人生总有那么几个阶段，强烈渴望一些事，又强烈排斥一些事，等到什么都过去的时候，又什么都忘了。这大抵是成长的好处，让人不再固执。

隐于此处安心做事的日子变得恬静，即便内心也偶尔急躁。可能是早年受到太多眷顾，初入社会又诸事不顺，所以才得以形成这些被惯坏的毛病。我总以为这些毛病是自己身上最后的真诚，所以总也不愿改，如若去掉这些怕是不再完整。

天空的云飘过一朵，像棉花般浅白，似这云淡风轻的日子，浮生若梦。将自我寄于他人，一不小心就忘了自己原本的模样。有些人到底不适合触碰感情。很多时候，我们以为自己足够成熟，其实转个身就原形毕露。那些不够好的时刻，事后想起，自己都会惭愧。

从瑜伽馆出来的时候，已经九点多了，原本以为一个人走夜路是件可怕的事，可真的独自走完时，并不觉得有什么。人总是对未知心生恐惧，而未知往往也没什么。

　　站在即将不再青春的年纪，看过往的大把挥霍，心生歉意。人生总是要走很多弯路才能正确上那么几次，而人生并没有几个正确的时刻。

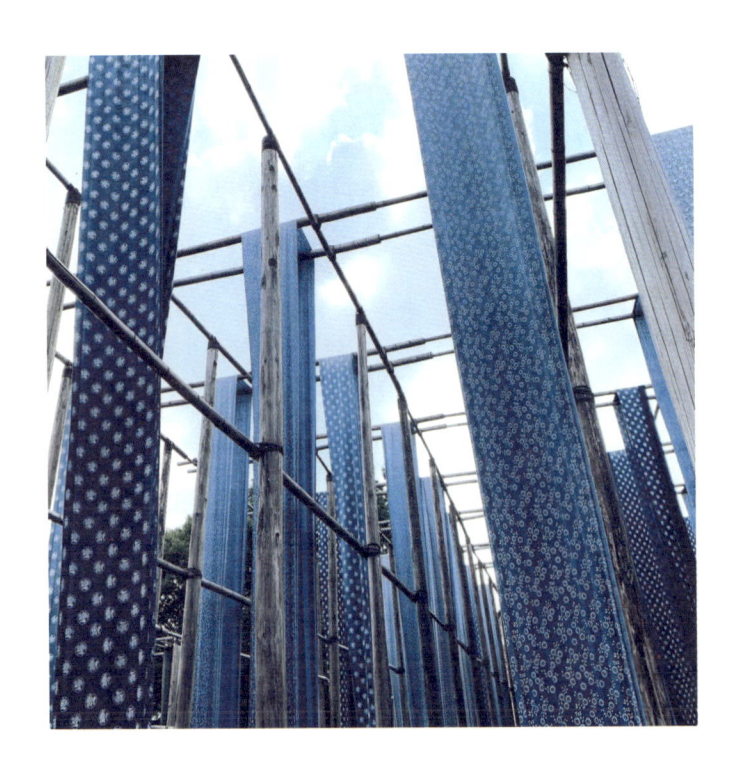

上　升　的，下　落　的

上升的

在朋友的画室看见一幅画,用了抽象的红,记忆中初心的颜色,像冉冉升起的太阳,耀眼而夺目。

他说:"拿起画笔这些年,转瞬走完人生的三分之一,临摹过春夏秋冬,挥墨过日月星辰,偶尔也会迷失在漫无边际的黑夜里。身边很多人来,很多人去,持之以恒并不容易。

那些在画家街画画的日子,扑面而来的是生活,落笔为画的却是初心。十年,起起落落,如海上行舟。然而,无论夜幕如何落下,次日太阳升起时,梦想都会上升。"

下落的

在夏日的外滩看下落的夕阳,倒映在水面,潋滟又迷离。不禁令人想到毕淑敏老师的一句话:"凡是自然的东西,都是缓慢的。太阳一点点升起,一点点落下。"

然而,缓慢是这个时代为数不多的品行与修养。在时代面前,很多事情被雕刻、被影响,比如那浮世绘里下落不明的爱与欲,贪与嗔。

如果艺术用来表达情感,那么,这下落的夕阳里藏着我对人性、对灵魂的期待。我期待爱与欲上升到一定高度,成为一门令人心悦诚服的艺术,美好而值得信赖。

幻生的

去了一座海上岛屿,脑海里生出许多幻象,神秘而隐晦。夕阳下,大片大片的余晖笼罩了整座岛屿。我想象它是波澜不惊的,而一旦靠近,却又别有洞天。

在岛屿上,期待来信,期待白鸽,期待每个人得到永生的快乐与天真。这是一名文字工作者的理想主义,与大同社会的幻灭幻生。

浮沉的

走出画室,仿佛读懂了画面背后的浮沉,像极了人生的不同阶段,有时上升,有时下落。

偶尔感伤这世间的阴晴圆缺,竟无法求全。说好的圆满到头来不过是一场浮沉。浮出水面的人声鼎沸,沉入大海的悄无声息。

回去的路上,雨水打湿了车窗。不由回忆起半个人生,感叹一切统统抵不过时间,时间带走了一切,包括这人世间的浮沉。

待至圆满时,愿这笔下的文字,给你三冬暖,庇你千岁寒。清澈的,如这绘出的蓝;简单的,如这照常升起的太阳。

允许好的不好的一起往前走

三年了。她离开自己三年了。这三年里她居无定所，四处流浪。像是城市的孤儿，被流放在荒岛。在途径他人的温暖时，感动到泪流满面。

没有人知道这三年里她经历了什么。她不停地迁徙，从一座孤岛到另一座孤岛。原本她可以不这么辛苦，至少有捷径可走。可是她不。她近乎偏执地一个人行走。

在路上，她遇见很多人，有人给她温暖，有人给她炎凉，也有人给她成长。无论哪种，在故事发生的那个当下，都伴随着隐隐绰绰的疼。她逃避、推脱、挣扎，直至最后学会宽恕。宽恕怠慢，宽恕伤害，宽恕命运馈赠的每一次挫败。

关于挫败，她并不总是能够从容面对，甚至会偶尔间歇性地丧失信念。但不管怎样,她都能在每次挫败里获得命运的启示,或关于责任,或关于使命,或关于爱的种种。总之,那是一种直击心智的成长,忽然之间变得成熟,伴随着冷静、克制与释然。

释然,是对自我反思之后的诚恳。诚诚恳恳地赞许自己的独一无二,也诚诚恳恳地写下自己的劣迹斑斑。是的,在过去这三年里,她有过许多荒唐,伤害自己也伤害他人。当然,这一切并不是她本意,仅仅是她在跌宕之后的自我保护。

起初,她将年少荒唐作为借口,以此试图获得世人原谅,原谅她不谙世事的天马行空。但此刻,她选择诚诚恳恳地面对,不为此做任何辩护。

她搬离那所仅容得下她身躯的房间,捡起曾经陨落的光辉。从此决定,认认真真地过好每一天。每日给房间清扫,给心灵洁净,和阳光沐浴,和清风为伴。

她打小起就想象力丰富,生性浪漫,对一切有着白日梦般的甜美憧憬。但最近,她变了。在夏天到时,她从冬天走回来,将兜里塞满的童话一一谢幕了。她开始明白,人这一生的童话要自己去谱写,交不得任何人。

她穿好属于自己的霓裳,华灯初上时,去故事里挑了支崭新的笔,蓄意认认真真地写完这一生。要浓墨重彩的热闹纷呈,也要轻描淡写的岁月静好。

和以往不同的是，这次，她没有急于起笔，而是选择了留白。回顾她这前半生，像一场闹剧，主角和看客都是自己。潦草的起始也潦草地结束。

但她想她会和别人不一样。她认为自己独一无二，并对此深信不疑。她不要雍容华贵的虚妄。她要花好月圆的无双。

当然，她也深知人生实苦，应收容有度。好的坏的都是命运的恩赐。若是命运安排了荆棘，也打心底感恩发生的这一切。允许好的不好的事物一起往前走。兴许，此时来看，是一场破败，他日未必不是一桩伟大的成全。

Part 5
星河滚烫，
你是人间理想

孤独时去染布

很快,盛夏到了,荷花池绿了起来,点缀着零星的粉红,不禁让人想象到李清照《如梦令》里"误入藕花深处"的场景。记得年少时,也曾对这样的日子抱以期待,陷入"我慢"与"嗔痴",而今终落日常,不过尔耳。

说起"我慢"与"嗔痴",这大抵是人性与生俱来的一部分,大部分人都有,大部分人也都努力在破,但常常事与愿违。如梁文道在《我执》里所述:"所有美好的东西都不应过度发展,都该保留在萌芽状态,将发未发,因为那是一切可能性的源头。未开的花可能是美的,未着纸的笔有可能画出最好的画。可是事情只要一启动,就不只可能,而且必将走向衰落与凋零。"

就像我们为自己选择的人生,当下选择时的执念掩盖了真相。我们以为这样选择会更好,而经历过的人都知道,无论哪种选择都

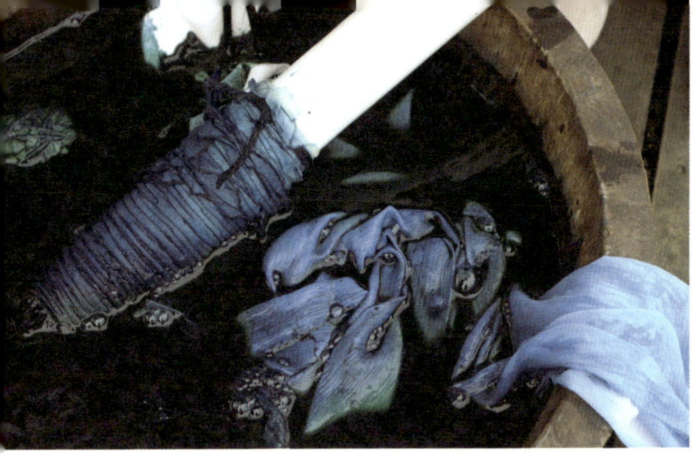

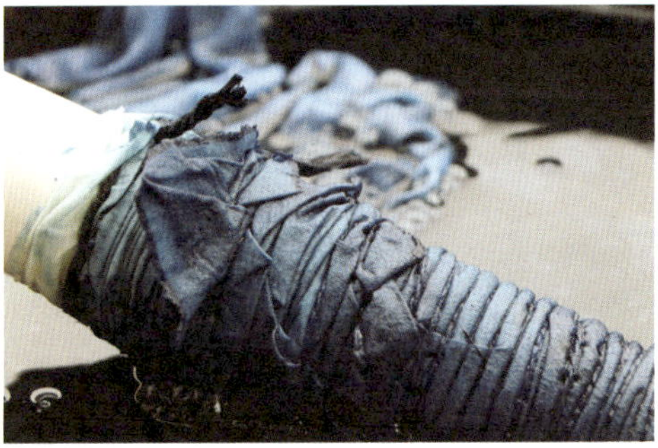

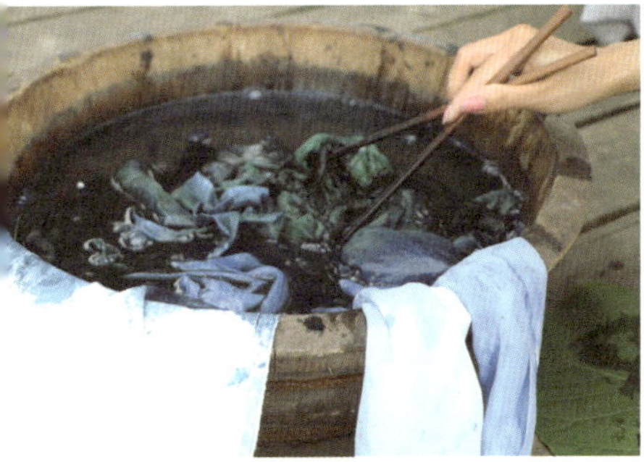

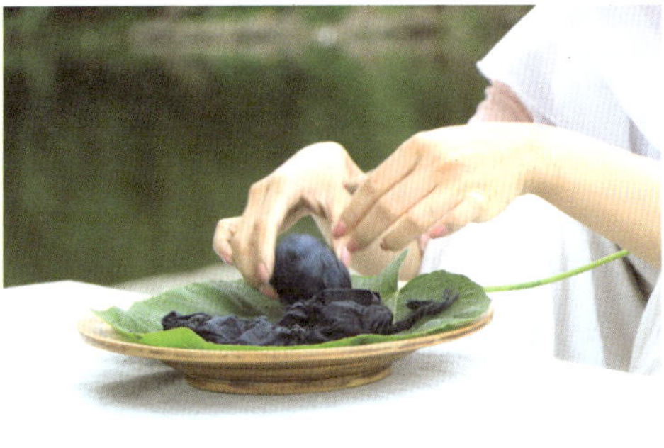

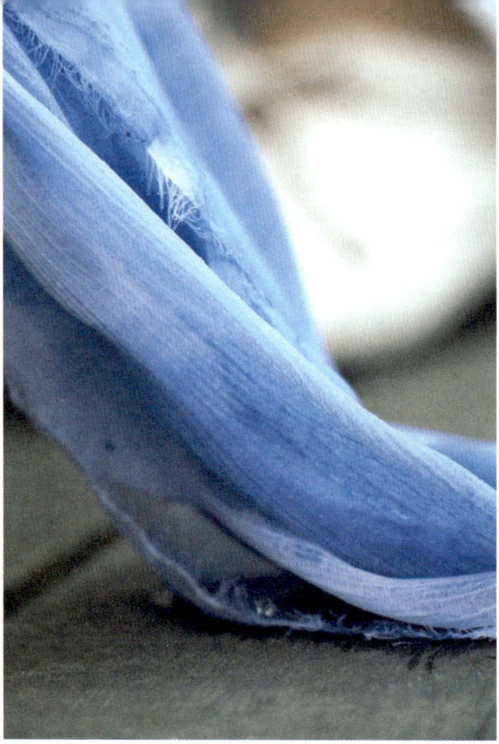
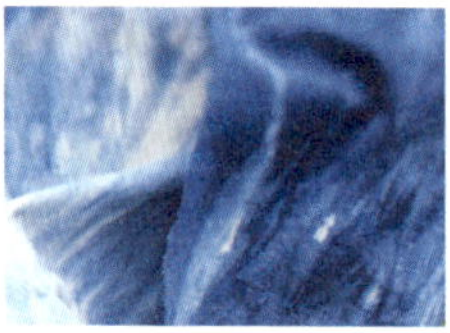
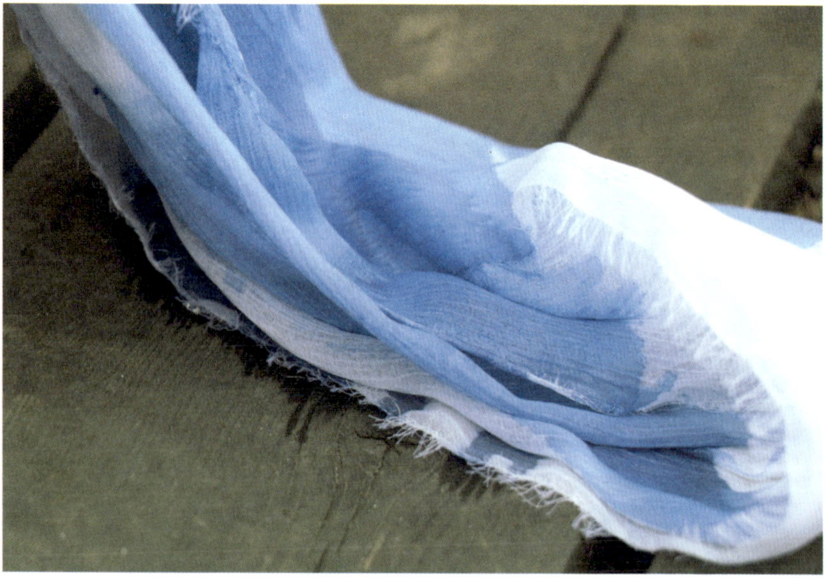

充满遗憾；而这种遗憾在选择时并不能及时被发现，只有在事情不能如愿以偿时方才体悟得到。

犹如在人群中，你以为你能找到和你相似的蓝，但并没有。每个人都不一样，谁也读不懂谁。

所以，如若人群里没有相似的蓝，不如在水波里潋滟，在草木里染心。染一丈月光，染一池星辰。毕竟不用言语诠释的生活相对清静许多。

说起草木染，它有一种迷人的特质，第一次被它吸引是在图片上看见一些染蓝帷幔，大片大片的，纵横交错，给人以静谧和治愈。大抵是从那时起，在心底悄悄种下这染蓝的念想。

喜欢看染液渐蓝，白色的布匹在染液里次第晕染。时间在等待里变得柔软，每一种图案都充满想象。那是一种被岁月温柔相待的力量，万物静默如画。

我站在阳光下，看晾晒在树的蓝，任阳光穿透，蒙上迷离的光阴。那经由双手浸染的布匹，有一种粗拙、质朴的味道，即便水洗时略有褪色，也如岁月漂白的质感，自然而温润。

冷静、自持、疏离

窗外起风了,我起身出门。

春天,到底是美好而治愈的,万物复苏,万物生长。

路上,脑海不断浮现前几日闺密提起的高中女同学L和S,内心竟生起一些悲悯。回想当年,不谙世事的她们,一个清纯,一个率真,而今眼眸里全都布满世俗,用尽心机地在名利场追逐。

时间果真具有物是人非的能力,沦陷了多数人。有人微不足道,有人是天之骄子,而大部分的人都是平庸之辈,为谋得圆满的一生而竭尽全力。

人一旦进入群体就很容易成为别人,说的话、表达的观点,总有迎合群体的倾向。可能是因为担心自己说出真实想法而不被接纳,也可能是为了取悦群体而掩饰自己的真实想法。总之,人一旦进入了群体就难免有表演的成分。

会因为怕被孤立,而选择投身群体;

会因为怕被说不合群,而选择成为乌合之众;

似乎乌合之众从来都是大势所趋,而曲高和寡就要离群索居。

究竟是生活改变了我们,还是我们改变了自己?

每个人有各自的答案。

很多次,在执念里挣扎,以求解脱,也曾试图学着聪明一点点,可是我发现,那样的自己并不快乐。学不会与对方保持步调一致,学不会用对方喜欢的方式讨其欢心,就连受到威胁时,也不会争抢。总相信"是你的终归是你的,不是你的终归不是你的"。他们说这样的信念最易错失缘分。

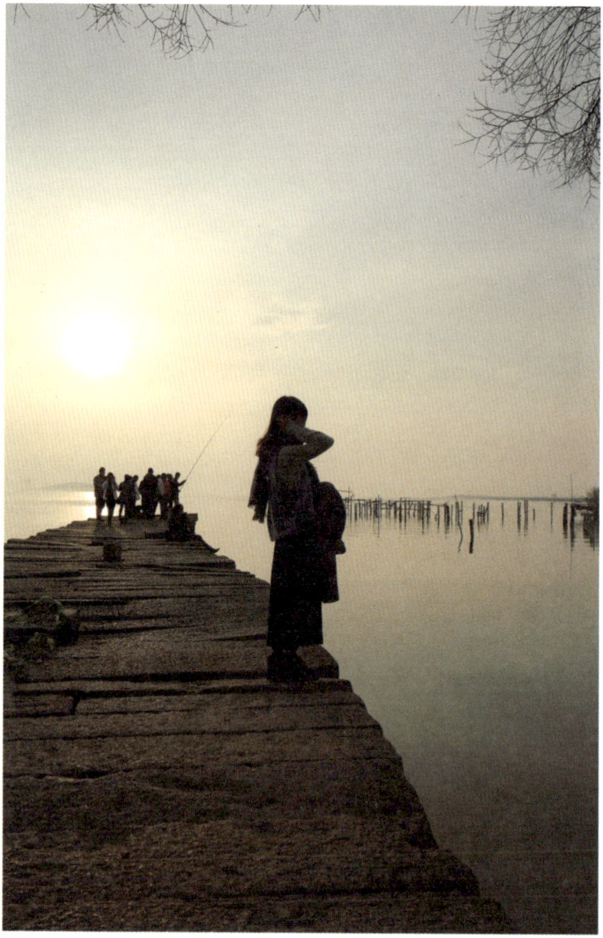

不是孤僻，不是不合群，而是言语和行为的讨伐令人力不从心。群体里，真实的自我被隐藏，热闹、狂欢、嬉笑都多了修饰的成分。

起初，常常为这格格不入的入世准则为难自己，试着抱拙后，反倒是自然许多。不用刻意隐藏，也不用刻意暴露，与很多事物保持距离，言辞不多，疏密有度，既不过分喧嚣，也不过分寂静，有自己的个性，一切都恰到好处。不会因对方显赫的身份而感自卑，也不会因自己的笨拙而觉羞怯。

他们说，那是一种迷人的气质，与很多人都能融洽相处。

岁月荒凉，慈悲御寒

又过了一个生日,感恩这一年平安喜乐。对着烛光,不再贪婪地许下诸多愿望,惟愿自己能越发笃定的柔软与慈悲。诚然,这不是一种孤芳自赏、葬花悲秋之态,而是修行路上对自我的一份约束。

廖一梅曾写过一本叫《柔软》的书,第一次读它是在单向街。记得其中有一段:"任何美丽温柔之物都不是应该的,长久的,必然的,但要接受这一点并非易事,直到现在,我觉得说谢谢,总好过葬花悲秋之态。"

当时年幼,并不能完全理解,但字里行间流露出的透彻感,甚是清冽。所以,我还是囫囵吞枣地读完了它,而真正明白文意是今年。那是一个和闺密无事闲谈的下午,阳光打在脸上,我们东一句西一句,聊了很多漫无边际的话题。我们尝试过很多种不同的生活方式,总结起来,所追逐的不外乎随时可以柔软下来的姿态。

那一瞬的领悟,如光阴落在心尖上,推翻当下所有茫然前行的自我,就像那些不属于自身气质的物品,我们再也不需要用它装点自己,因为心中已有属于自己的丘壑。

说起柔软,曾以为它是我们与生俱来的特质,无须修行。然而,踽踽独行的路上我们悄然失掉了部分自己。比起年少,我们的确不再伤春悲秋,但若做到时刻柔软与慈悲,似乎并不容易,不仅是对他人,对自己都尚且不能。就像寒冬已至,不是每个人都有过冬的能力。即便有，也不一定愿意穿起棉衣抵御寒冷。比起实用，人们更偏爱无用之美。

而恰到好处的慈悲，更是一种难能可贵。当然，此处的慈悲，不是一种高高在上的救世情怀，而是自我对世界的一份理解与态度。年少时，愿意用那1%的慈悲对抗99%的欺瞒。待到岁月蹉跎，那慈悲之心也时常故意躲藏不见。

总有些时刻，我们对自己、对他人不够友好。比如突如其来的不安，对执念的孤注一掷。那些不够慈悲的时刻，我们像惊慌的小鹿，充满防备，害怕伤害与被伤害。

所以，对自己不做任何设限，但求尽可能柔软，尽可能慈悲，剩下的时间用来欣赏与感受，欣赏那三寸日光下的慵懒闲适，感受那因盲目赶路而错过的风景。

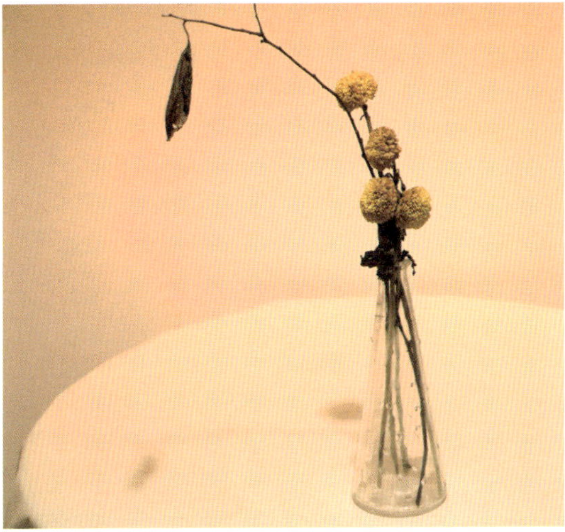

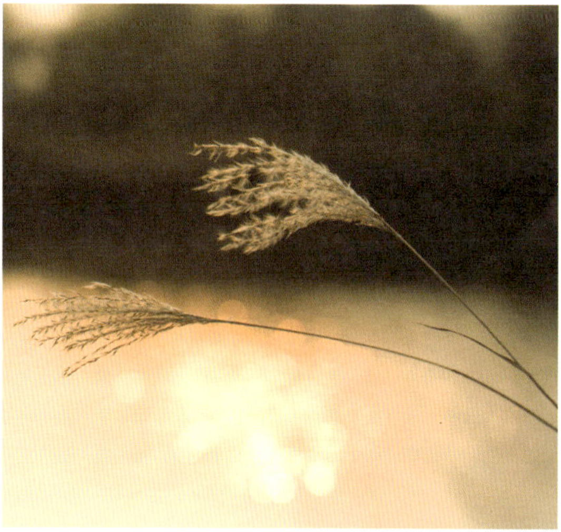

温 暖 如 初

前几日收到一份礼物,来自一位"暖伴"。

这份礼物,和我平日收到的有点不同。

它是一个黑色的盒子,里面铺了些许花束,深处藏了一个香囊,香囊里有一把缀着绿色丝带的梳子,刻着"温暖如初"四字。

她说,希望我用这把梳子梳走烦恼,并一直快乐下去。

轻念这简单的寄语,它使人有一种莫名的触动,关于曾经。

曾经,我也会花上些心思,做一份礼物送给友人,带着未经世俗浸染的真诚。

后来,岁月更迭,故人散落,便再也没了当初那份心思。

我认识的多数人,历经生活的磨砺和困苦,到底是少了些许乐趣。而这悲凉的底色上,若想行得一生,只得借着些许微光,缓慢地走下去。

而初心，并不容易总是做到，尤其是身处异乡。

它不像故乡的邻里，日复一日，有着近乎不变的面孔；也不像笔直的老街，十几年过去了，还是差不多的模样。它像天上的云，海边的风，变幻莫测，不可捉摸。

所以，渐渐地，人变得疏懒很多。

以前，觉得"疏懒"是一个听起来不那么容易亲近的词。现在，越发觉得它有自己的脾性和腔调。它寓意着一个并不总是对所有人和事热忱的年轻人，在现实世界的自我保护。

保护不被大众所接受的审美和无法被定义的理想主义，以及尚未被消磨殆尽的一点童真。

那正是如初的本真模样。

为自己生长，即使无人看见

因为搬家的缘故，扔了很多旧物。这些旧物，随我辗转了多个地方，却又极少被用到。但每每准备舍弃时，又出于种种原因，留了下来。

潜意识里，它们是我的一部分，不能轻易被舍去。所以偌大的房间里，目光所及之处，多是冗余。这冗余里藏着对旧物的不舍，对过往的执念。而清理时，与此相关的记忆又在脑海里重新上演一遍。看似是物品的舍弃，实则是梳理自我的过程。

像很多人一样，初入职场时，为了让自己看起来更专业，也会为自己准备高跟鞋。那时的我，以为穿上高跟鞋便可一路顺遂，而事实并非如此。高跟鞋虽可使人婀娜，但并不总是适合每个人，尤其是不喜束缚之人。所以，当我把鞋柜里的高跟鞋一一清理掉时，那初入职场的忸怩感便也随之消失了。

记得山下英子曾在《断舍离》里提到："断，即断绝想要进入自己家的不需要的东西；舍，即舍弃家里到处泛滥的破烂儿；离，即脱离对物品的执念，处于游刃有余的自在的空间。"即，不收拾的收拾法，通过对物品的筛选，逐渐了解自己的真实想法，了解自己与物品的关系，从而更清楚、准确地定位自己。

亲自实践过，确实感同身受。舍离，意味着筛选，筛选意味着有所舍弃。人一旦清楚自己是谁，便不会随便给自己不需要的物品。迷茫时，才会希望不断占有，占有多的，占有好的，占有稀缺的。就像喜欢购买名牌包但又经济能力有限的小女生，这款包于她而言，并不是必需品，而是自我证明的一部分，可能是掩饰内心的不自信，也可能是为了获得认同感。一旦她找到真正的自我价值，便不再需要通过这些外在的物品去证明自己。

所以，不知如何舍离时，去问问真实的自己

需要什么，适合什么。诚如前几日在某个地方看到的一段话："我们真正的想法都藏在物品里。不急于向山顶仰望，要以意识为轴心，通过物品找准自己在生活中的位置。"

在花间，度人度己

下笔之前，原本想把主题定为"在花间，把生活过成喜欢的样子"，仔细想了想，便改为"在花间，成全生命本来的样子"。也许，比起喜欢，成全来得更为深刻。

喜欢多是一种自我的私人情感，它掺杂了太多个人偏好。

成全是一种领悟之后的"愿它好"，不慕虚名。

记忆里，儿时的大院每到春夏时节便开满月季，红绿交织，明晃晃的太阳投下好看的光影，小小的我，总是偷偷采了一朵又一朵，小心翼翼地别在妈妈扎起的马尾上。用力地嗅，仔细地看，谨慎地收藏。柔软、轻盈、细致，是生命本来的样子。

然而，随着成长，这样的光阴变得下落不明，有时像风，有时像云，有时又什么都不像，让人迷失或负重。即便是这样的日子，只要是看见花，无论是一朵还是一簇，都会感到喜悦，仿佛人间多

了一些值得留恋的物什。那时，花之于我，不只是美好的存在，还是一种隐秘的治愈。

有人说，忧伤的时候到厨房去，它可以治愈你由胃及心的欢愉。其实，忧伤的时候，也可以去花室。在那里，素手浣花，洗练、沉着、素雅，时间久了，人会变得澄澈许多，就像那拥花自喜的女子，恬淡，静美。

大抵是生性里喜爱这疏离，相较于热闹，更是偏爱这草木染心的寂静。所以，有段时日常常买花回来侍弄，即便只是做了蹩脚的作品，亦是欢喜得不能自已。每每此时，内心都会升起久违的柔软，浓淡相宜。

信它善良、朴素与慈悲

这一年,很少落笔,只是中途抒怀过只言片语,便没了踪影。倒不是无话可述,无事所叙,而是对很多事情失去了表达欲,理解了幻象和自我的关系。

有那么一些日子,总是莫名脆弱,听风会哭,无论天气多好。这看上去似乎有点矫情,但不知怎的,没办法控制。我以为这与生俱来的多愁善感会在破碎的生活里变得硬朗一点,至少不那么容易落泪,然而并没有。

关于生活的一切,从聒噪变得缄默。

去古镇体验了一段离群索居的生活,和想象中并不一样,那些表面的喜欢不过几日便被剥落了。也许,人间不应存有太深的执念。

八月的时候,陆续终止了一些看似深刻,实则肤浅的事情。生活的重心慢慢地被拉回现实。这次,我看见了月亮,也捡起了"六便士"，在某一瞬间，理解了人性，与自己和解。

说起人性，偶尔心底会升起一些凉薄，但也始终信它善良、朴素与慈悲。信它阴天会过去，信它万物会生长，也信它明天会更好。

不写文，只是冒昧行走的日子，听闻很多不曾谋面的赞美与祝福，来自远方。不曾想过，四五年前的自己影响过那么一群天真少女；而今她们各自欢喜，成为美好的样子，不禁令人想起懵懂过的自己，也曾生活在粉红的白日梦里，无忧亦无虑。

而成长，带走了这不加修饰的少女感，留给他人的是越发缄默的懂事与安静。

回头看，之于过往，只得道一声抱歉。

抱歉用那么久的时间去做梦，未能早点拥有成人的心智。

有那么一段日子，什么都拥有，但不懂得珍惜。

又有那么一段日子，什么都已失去，但学会了珍惜。

这些切身的感受，只有真实发生过、经历过才能领悟。

很多时候，我们都活得不够通透，或者自以为明白。

纵观人这一生，其实没有几次全力以赴的机会，学业、感情、事业，每每消耗一次都元气大伤，消耗次数多了，便渐渐怯懦了。可是，这珍贵的一生，又总想留下点什么。比如，温暖的灵魂，对自我坦诚的皮囊。

关于灵魂，曾以为深刻无比重要，而今却喜欢上没有包袱的"浅薄"。比如人群里，可以在热闹中冷淡地坐着，听他们谈论我尚未经历的浮世绘；又比如不再要求自己涉猎并不感兴趣的领域，接纳自己在某些方面的无知和寡淡。

关于皮囊，蔡崇达有过深刻的阐述，每个人也都有自己的理解。

18岁对皮囊的理解是好看的脸蛋；25岁对皮囊的理解是尽可能藏拙；而今是尽可能地对自我坦诚：承认这张皮囊不够精致，会被岁月侵蚀，但不再轻易否定它，并无比诚恳地用适合的方式表达。

星 河 滚 烫，人 间 理 想

世界怂恿年轻人做自己，所以很多人将"做自己"践行到无比极致的状态里：要和喜欢的一切在一起，甚至用大把时间去爱、去恨、去浮夸。

这表面的舒适状态，时常让人误以为自己很不错。其实，走出舒适区，你我不过沧海一粟，与他人相比，并未多么出类拔萃，不过是自以为的与众不同。因着这自以为的与众不同，时常高估自己，以为星辰触手可及，梦想指日可待，殊不知实现它们如星辰大海，不是每个人都能抵达。

初入社会，对世界，对梦想，甚至对感情的理解，总是善意而美好许多。所以，才会在选择时，真性情许多。说起真性情，它素来备受赞美，是浮世绘里尚未被社会化的一些天真。然而，不是每个人都有永远真性情的底气，它需要宽宥的庇护。

向来不善输出任何一种价值观,生怕自己的浅薄认知误导了他人。但此处却希望每个特立独行的个体,能恰到好处地使用自己的真性情,切不可在错误的时间、场合里,用它误导了自己。

人一旦被自己喜欢的品格所伤害,便会悄无声息地丢掉这品格,误以为它是自己身上的冗余,伤人伤己。殊不知是能力的限度,无法庇护这为数不多的天真。

成阵的热闹与悲欢

我们总会放下那些不再适宜的东西

给它们祝福

因为它们曾经一度是适合我们的

/

我从不怕别人离我远去

我只怕自己背离自己

/

你过分地相信良善

以身去体恤

方知自己错得荒谬

那些天马行空的任性
终究是要付出代价的
你负担得起或负担不起
原本柳暗花明的春天
你将自己推到万劫不复的深渊
这是成长的代价
如饮鸩止渴

不曾迷失便不会遭逢梦魇

也便不会有哭不出的恐惧

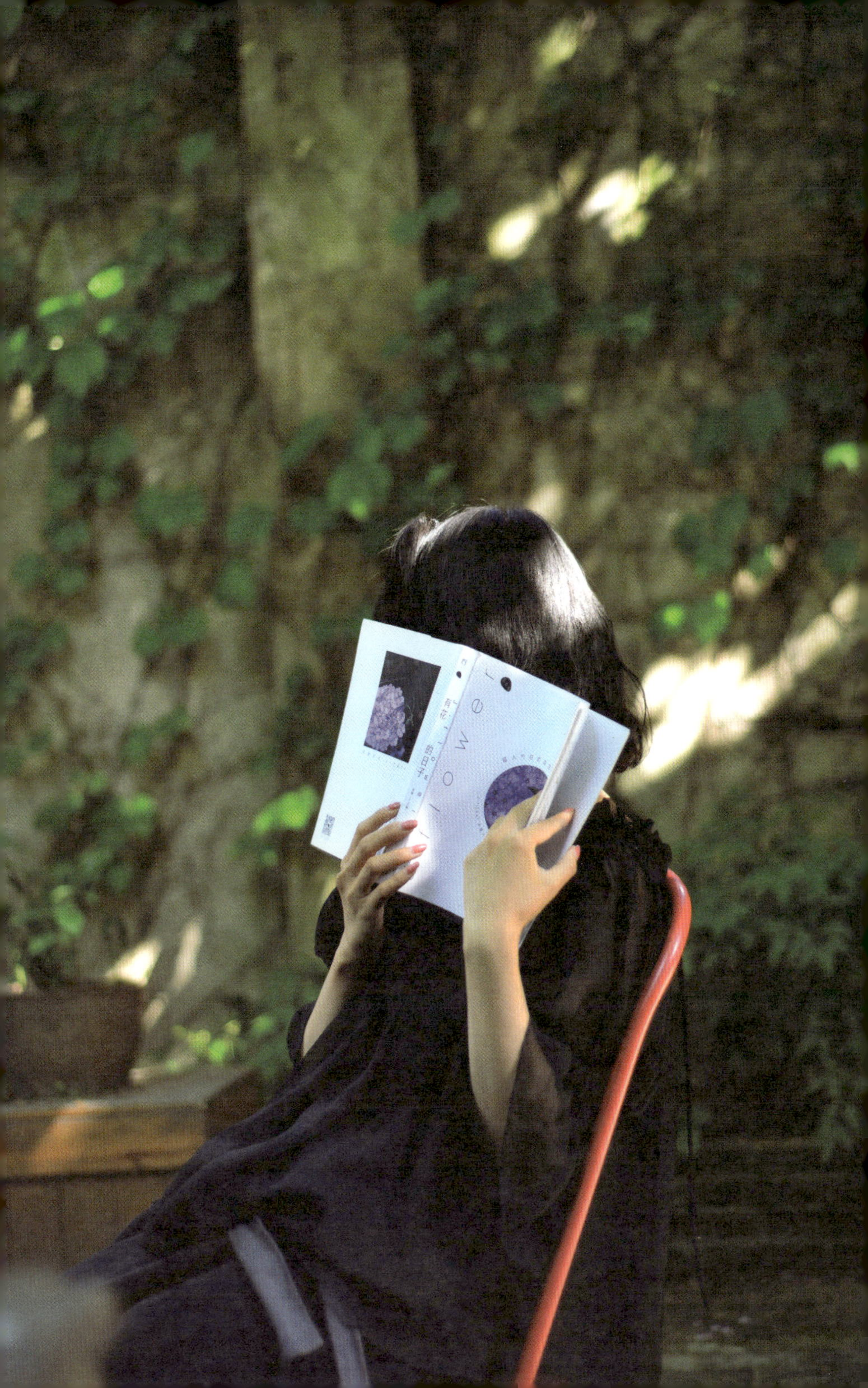

/

当你参透了所有的苦
便也获得了所有的甜
你该明白
生活原本是场修行
即使它有时真的不可理喻

/

成长总是脆弱的

不是以梦为马

就是执迷不悟

很少能够一下参透人生

过了可以肆无忌惮地去挥霍感情的年纪

却还是希冀能够放浪形骸地感知它

在脑海里搜寻了好多词汇试图去形容你

可是总也找不到一个合适的词去镀这么美好的你

人与人之间的感情

有时是极其危险的

远一点是路人

而近一点是熟悉的陌生人

有没有那么一刻

你站在公交站台

满眼陌生

听一首算不上熟悉的歌

突然想念

某个场景

某个人

但仅仅只是想念

//////////

一个人的时候

即便和朋友玩得再开心

也总觉得心里有个缺

那缺不是好友补得了的

两个人的时候

即便玩得不是那么开心

也会觉得踏实

因为就连走路都可以横冲直撞

这大抵是朋友和恋人的区别

/ / / / / / / / / /

/

我们过分自信　却未曾想到

稍有风吹草动　便草木皆兵

/

我想你变得好

也想自己变得好

只是不能陪你一起变好了

      你看

      这么多人里

      我们还是最爱自己

      舍不得自己受伤

      舍不得自己难过

你有没有遇见这样一个人

没有对手

但早已溃不成军

也许你宠爱的不是她

只是你舍不得她难过

舍不得她不幸福

爱你春光明媚的人

无论有多少都不算多

爱上你风卷残荷的

一人足矣

后来

你把自己活成了善忘之人

记不住真心

念不得过往

所有努力成全的快乐

不过是躲一个不愿承认的悲伤

而后慢慢地慢慢地成了善忘的人

总有一天

当你回头看这段经历时

可能会

诧异自己做出的每个决定

但更多的该是颔首微笑

我们努力地爱惜自己

不过是虔诚地希望

在自己在乎的人需要时

能坚强地挡在前面

因事去了一趟先前住的地儿

离开不到半年

生出许多陌生

从街的一端到另一端

那房舍也在，可是主人变了

那米线店依然在，但味道变了

那化妆品店的姑娘还在，然而身份变了

原来，好多貌似未变的都悄然地变了

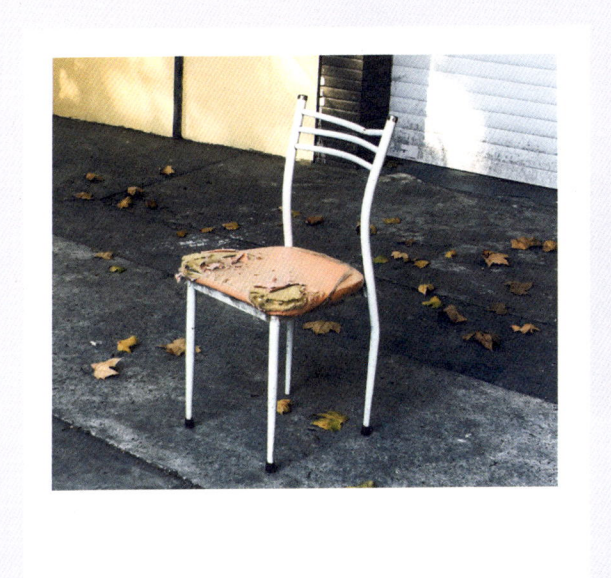

在你没有取得任何成果之前

请默默消化任何来自外界的责难

内心生出的许多柔软

——绣在了花事里

是夜　是秋

是不可原谅

也是一段心慌的成长

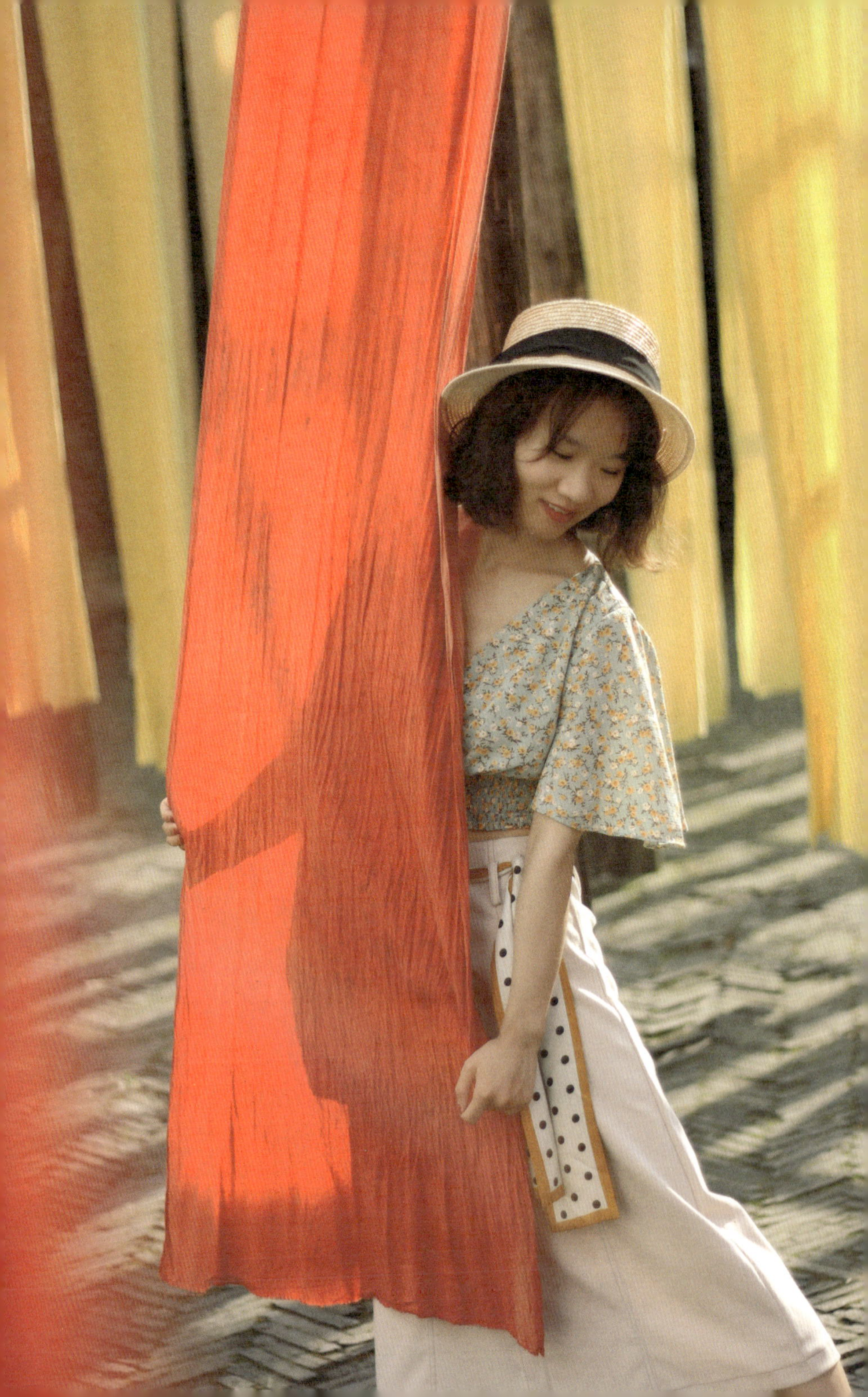

/

/

如果说成长中做错过什么

那便是侧目了他人的目光

努力活成他人喜欢的样子

/

/

有些故事说予他人听时
仅仅是一个故事
不能感同也不能身受
于己却是一份自我挣扎
甚至自我撕裂很久了的内心戏

/

是人总是要会受到伤害的

没有人可以不受伤害

有爱必有伤

世上没有一种不疼的爱

/

我们喜欢的

不过是

这个人这件事的美好部分

而它附带的不美好

我们并不喜欢

喜欢一件事

你以为可以全凭热忱

可是走着走着

它就变了方向

连同你自己

你确定我们没有走错路吗

我总是这样问你

迷路也是路的一部分

你总是这样回答我

特别鸣谢摄影师

王炳科

丽丽安

凌　敏

刘　辰

生活总有可取之处

The end